Alexander Forbrig

Brandschutz in offener Holzbauweise

Alexander Forbrig

Brandschutz in offener Holzbauweise

Holz - Ein Baustoff mit Zukunft!

Lehrbuchverlag

Imprint

Cover image: www.ingimage.com

Publisher:
Der Lehrbuchverlag
is a trademark of
International Book Market Service Ltd., member of OmniScriptum Publishing Group
17 Meldrum Street, Beau Bassin 71504, Mauritius

Printed at: see last page
ISBN: 978-620-0-44473-8

Kurzfassung

In der vorliegenden Arbeit wird eine Brandprüfung mit einem Schottsystem in offener Holzbauweise dokumentiert, analysiert und verglichen. Zudem wird der wirtschaftliche und materialspezifische Vergleich zwischen Holzbau- und Stahlbauweise in Form einer Gebäudeaufstockung betrachtet, um die Möglichkeiten und Potentiale des Holzbaus darzulegen. Über die Ergebnisse aus der im Brandversuch ermittelten Querschnittsreduzierung, werden Rückschlüsse auf ingenieursmäßige Berechnungen gezogen.

Ziel dieser Untersuchungen ist es herauszufinden ob die Brennbarkeit des Baustoffes Holz ein deutlich höheres Risiko im Vergleich zu anderen Baustoffen darstellt.

Abstract

In the present work a fire test with a bulkhead system in open timber construction is documented, analyzed and compared. In addition to that the economical and material maintanance comparison between timber and steel construction in form of a heightening building is considered in order to explain the possibilities and potentials of timber construction. The results of the cross section reduction determined in the fire test are used to draw conclusions about engineering calculations.

The aim of these examinations is to find out whether the combustibility of the building material timbe represents a significantly higher risk compared to other building materials.

Inhalt

Abkürzungsverzeichnis

EC-5	Eurocode 5, DIN EN 1995
FDS	Fire Dynamics Simulator
BSH	Brettschichtholz
NH	Nadelholz
LH	Laubholz
ETK	Einheitstemperaturzeitkurve
LBO	Landesbauordnung
MBO	Musterbauordnung
Abb.	Abbildung
TGA	Technische Gebäudeausrüstung
Tab.	Tabelle

1 Einleitung

1.1 Veranlassung

Holz ist der älteste Baustoff der Menschheit und wird schon seit Jahrtausenden im Gebäudebau verwendet. Zwei vermeintliche Schwächen, der natürliche Zersetzungsprozess und die Eigenschaft „brennbar", haben den Baustoff in den letzten Jahrzehnten in den Hintergrund rücken lassen. Das ökologische Bewusstsein wächst und die fossilen Rohstoffe, die für den Massivbau und den Stahlbau benötigt werden, sind nicht in unbegrenzten Mengen verfügbar und wachsen im Gegensatz zu dem Baustoff Holz nicht nach.

Der Ingenieurholzbau zeigt konstruktive Möglichkeiten, mit dem der Baustoff Holz Feuerwiderstandsdauern von 90 Minuten und mehr erreichen kann. Durch negative Erfahrungen mit dem Baustoff Holz, aus zurückliegenden Zeiten, in Bezug auf große Stadtbrände, wird der Holzbau stark reglementiert und somit das Errichten von Holzbauwerken in den Gebäudeklassen 4 und 5 weitgehend verhindert [Lin-97].

Mit der Musterholzbaurichtlinie (M-HFHHolzR) von 2004 wurde der Holzbau bis zur Gebäudeklasse 4 erweitert. Das Tragwerk kann in reiner Holzbauweise erstellt werden. Die Tragkonstruktion ist jedoch an eine Verkapselung durch Gipskartonplatten gebunden. Der Aufbau ist an eine Vorfertigung angelehnt, wodurch wenig Spielraum für gestalterische Aspekte bleibt, da nur eine Ausbildung in geschlossener Bauweise zugelassen ist. Ohne eine entsprechende Verkleidung durch nichtbrennbare Baustoffe ist eine Abweichung von der M-HFHHolzR nur durch eine Zustimmung im Einzelfall (BauO NRW) möglich.

Durch den offenporigen Aufbau von Holz wird bei hoher Luftfeuchtigkeit im Innenraum Wasser aus der Luft durch die Holzzellen aufgenommen und bei trockenem Raumklima wieder abgegeben. Dieser klimaregulierende Effekt kann durch eine Kapselung jedoch nicht stattfinden.

1.2 Zielsetzung

Mit größeren und mit gewerblich genutzten Gebäuden ist auch eine umfangreichere Gebäudetechnik erforderlich, die eine Öffnung und Durchdringung raumübergreifend nach sich zieht. Wenn ein raumabschließendes Wandelement eine brandschutztechnische Qualität erfüllen soll, so müssen auch alle Öffnungen und Durchdringungen (Fenster, Türen, Klappen, Rohrleitungen, Kabelleitungen) diese Qualität erfüllen.

Um dies zu erzielen, gibt es viele Bauprodukte, die eine entsprechende Zulassung für den Einbau besitzen. Bisher ist die Zulassung für einen Kabel- bzw. Rohrschott, welcher in eine offene Holzkonstruktion eingebaut werden darf, noch nicht getestet und somit auch nicht zugelassen.

Im Rahmen dieser Arbeit wird daher auch eine Brandprüfung durchgeführt, die ein funktionierendes Schottsystem in einer offenen Holzkonstruktion darlegen soll.

Zudem wird der wirtschaftliche und materialspezifische Vergleich zwischen Holzbau- und Stahlbauweise in Form einer Gebäudeaufstockung betrachtet, um die Möglichkeiten und Potentiale des Holzbaus darzulegen.

Der Vergleich für die Heißbemessung erforderliche Abbrandrate wird experimentell, simulationsgesteuert und konservativ veranschaulicht, um die Wirtschaftlichkeit der Berechnungsverfahren und genormten Brandszenarien (ETK) zu erläutern.

2 Grundlagen

In diesem Kapitel werden verschiedene Sachverhalte erläutert, die in den folgenden Kapiteln als Grundlage für Berechnungen und Anwendungsverfahren Verwendung finden.

2.1 M-HFHHolzR

Die Muster-Richtlinie über brandschutztechnische Anforderungen an hochfeuerhemmende Bauteile in Holzbauweise wurde im Jahr 2004 formuliert und veröffentlicht. Seitdem ist es möglich Gebäude in Holzbauweise ohne eine baurechtliche Abweichung bis einschließlich Gebäudeklasse 4 zu errichten. Die maximal zulässige Höhe des Gebäudes ist nicht geregelt, sondern lediglich die maximale Höhe gemessen von der Geländeoberkante bis zum Fertigfußboden der obersten Nutzungseinheit, muss ≤ 13 Meter betragen.

Durch die doppelte Kapselung wird eine Feuerwiderstandsdauer nach ETK von 60 Minuten erreicht. Die zulässige Größe der Nutzungseinheiten in einer gekapselten Holzbauweise ist 400 m². Wesentliche Anforderungen an die Holzkonstruktion sind:

- allseitig geschlossene Kapselung aus nichtbrennbaren Stoffen (A). Diese Anforderung wird durch eine Gipskartonbekleidung mit doppeltem Fugenversatz realisiert (Abb. 1).
- Verwendung von nichtbrennbaren Füll- und Dämmstoffen mit einem Schmelzpunkt über 1000 °C (z.B. Steinwolle).
- Einbau von elektrischen und sonstigen haustechnischen Installationen ist limitiert bzw. nicht gestattet. (vgl. Kap. 2.4.1 Schottproblematik)
- Ausführung der Holzkonstruktion in Feuerwiderstand F60 (hochfeuerhemmend)

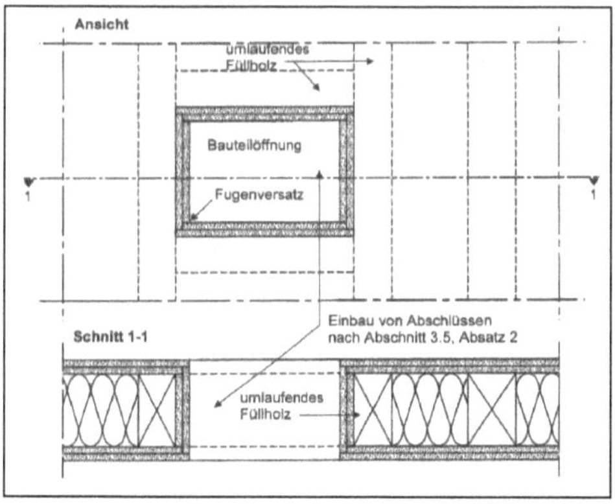

Abb. 1: Darstellung der Ausführung des Fugenversatzes, M-HFHHolzR, Fassung Juli 2004

2.2 Zusammensetzung des Baustoffes Holz

Holz ist mit keinem anderen Baustoff zu vergleichen, da er natürlich gewachsen ist. Natürlich gewachsen bedeutet, dass keine Energie und somit auch kein Schadstoffausstoß bei der Entstehung von Vollholz anfällt. Um aus Vollholz einen Baustoff herzustellen ist Energie, z.B für Zuschnitt, Hobelarbeiten und Fräsarbeiten nötig, jedoch ist dieser Aufwand trivial im Vergleich zur Herstellung anderer Baustoffe. Bei der Bildung des Baustoffes Holz wird Kohlenstoffdioxid gebunden und solange gespeichert, bis es dem natürlichen Zersetzungsprozess ausgeliefert wird. Somit ist Holz der einzige Baustoff mit einer positiven CO_2-Bilanz.

Wenn die Dach- und Bodenträger der Aufstockung des Gebäudes (vgl. Kap. 3.2) in Holzbauweise errichtet sind, bleiben dauerhaft etwa 41 Tonnen Holz vor Zersetzung und somit vom erneuten Freiwerden des Kohlenstoffdioxids geschützt. Ein PKW emittiert rund 1,5 Tonnen CO_2 /Jahr (EU-Richtwert: 120g CO_2/Km; Jahreslaufleistung PKW: 11400 Km). Betrachtet man die chemische Zusammensetzung von Holz (Tab. 1), dann ist zu erkennen, dass jedes Holz unabhängig von der Holzart aus etwa 50% Kohlenstoff besteht [Wes-88]. Wenn man von einer Rohdichte von etwa 400 Kg/m^3 (GL24c – DIN EN 14080) ausgeht, könnte man mit einer Aufstockung in Holzbauweise einen PKW etwa 13 Jahre CO2-Neutral fahren.

$$Jahre_{CO2-neutral} = \frac{49\,\% \cdot 41000\ k_g}{1500\ k_g/a} = 13{,}39\ a$$

Bestandteil	Chem. Bez.	Wertebereich in Massenprozent [M.-%]
Kohlenstoff	C	48 - 50
Sauerstoff	O	43 - 45
Wasserstoff	H	5 - 6
Stickstoff	N	0,04 – 0,6
Mineralsubstanzen	(Asche)	0,2 – 0,6

Tab. 1: Chemische Zusammensetzung von Holz [Wes-88]

2.3 Einheitstemperaturzeitkurve (ETK)

Die ETK wurde zum ersten Mal in der DIN 4102 im September 1977 veröffentlicht und findet weiterhin Verwendung in den europäischen Normen DIN EN 13501 und DIN EN 1363. Die Funktion, die die ETK beschreibt, gibt für Brandversuche eine Brandraumtemperatur in Abhängigkeit der Zeit an. Die Höhe der Temperaturen soll ein mögliches Vollbrandszenario simulieren.

Zeit (Minuten)	**Ofentemperatur** (°C)	**Zeit** (Minuten)	**Ofentemperatur** (°C)
0	20	90	1 006
5	576	120	1 049
10	678	150	1 082
15	738	180	1 110
20	781	210	1 133
30	842	240	1 153
45	902	300	1 186
60	945	360	1 214

Abb. 2: *Tabelle für gängige Zeitabstände Einheitstemperaturzeitkurve, DIN EN 1361-1*

Die Funktion wird über folgende Gleichung beschrieben:

$T = 345 \cdot log_{10}(8 \cdot t + 1) + 20$

Ofentemperatur exemplarisch nach 90 Minuten Branddauer:

$T(90min) = 345 \cdot log_{10}(8 \cdot 90 + 1) + 20 = 1005{,}99\,^{\circ}C$

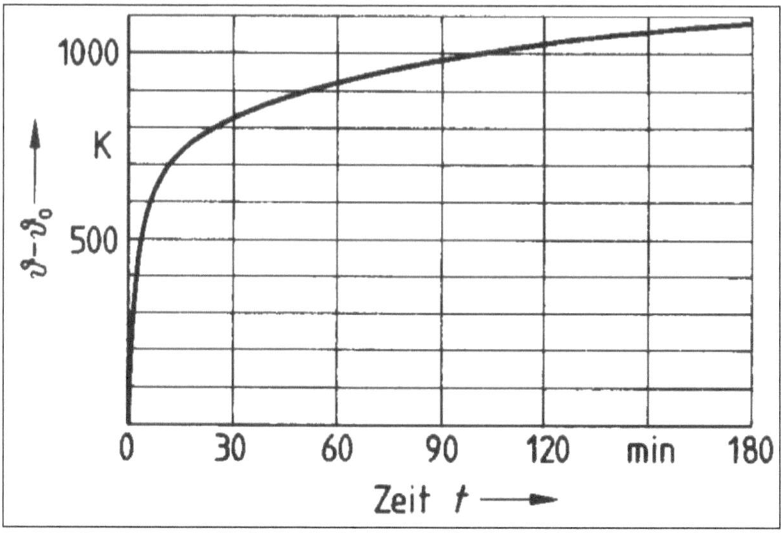

Abb. 3: *Einheitstemperaturzeitkurve, DIN 4102-2*

2.4 Durchführungen in offener Holzbauweise

2.4.1 Schottproblematik

Raumabschließende sowie tragende Wände mit einer brandschutztechnischen Qualität bis zu F60 sind in offener Holzbauweise realisierbar. Türen, Fenster und Klappen werden von verschiedenen Herstellern mit entsprechendem Verwendbarkeitsnachweis bzw. bauaufsichtlicher Zulassung angeboten. Für Kabel oder Rohre gibt es bis dato noch keine Zulassung, was die Ausbildung einer offenen Holzbauwand mit Durchdringungen unmöglich macht.

Laut M-HFHHolzR ist der Einbau von elektrischen und sonstigen haustechnischen Installationen limitiert bzw. nicht gestattet. Hieraus ergibt sich bei genauerer Betrachtung das Problem, dass im mehrgeschossigen Wohnungsbau in Holzbauweise, Durchführungen radial zur Wand nicht gestattet sind.

2.4.2 Lösungsansätze aus der Praxis

Eine Variante, die die vorgeschriebene Kapselung mit doppeltem Stirnversatz nach M-HFH-HolzR beinhaltet, wurde von der Fire in timber Buildings Guideline 2010 vorgestellt, um die bauproduktbezogenen Zulassungen für Trockenbauwände mit Gipskartonbeplankung der einzelnen Schotthersteller einhalten zu können. Hier wurde die Anschlussproblematik der Schottsysteme an offene Holzbauteile mit einer doppellagigen Leibungsbekleidung mit doppeltem Stufenversatz umgangen.

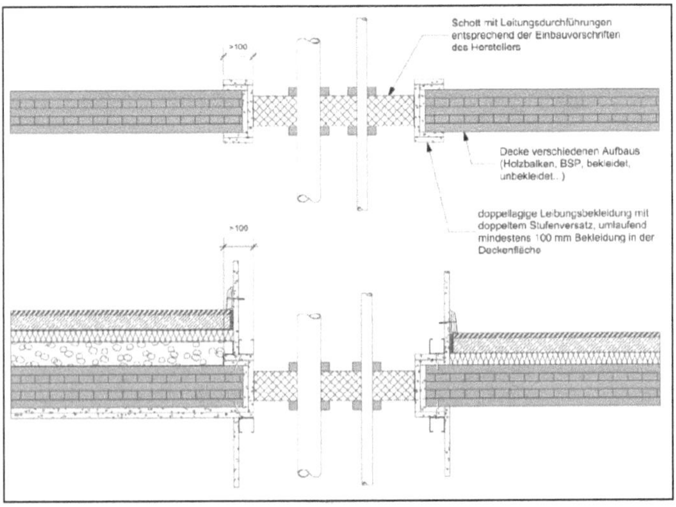

Abb. 4: FireInTimber – Fire resistance of innovative timber structures, Abschlussbericht zum Forschungsvorhaben, TU München 2010

3 Grenzen und Möglichkeiten im Holzbau

In diesem Kapitel werden die drei Hauptbaustoffe Beton, Stahl und Holz in Bezug auf ihre Tragfähigkeit betrachtet. Des Weiteren wird eine bestehende Stahlkonstruktion durch eine Holzkonstruktion ersetzt und verglichen.

3.1 Bemessung bis zur stofflichen Grenze

Betrachtet man die theoretische Bauhöhe unabhängig von geometrischen Dimensionen, so ergibt sich ein Grenzwert. Dieser zeigt die maximale theoretische Bauhöhe bis zum Versagen des Baustoffes aus Eigenlast. Im Folgenden wird diese Bauhöhe über das Verhältnis aus charakteristischer Rohdichte und Druckfestigkeit des jeweiligen Baustoffes betrachtet und im Weiteren als Leistungsgewicht bezeichnet.

Beton: C 25/30

$$h_{max,Beton} = \frac{f_{Ck}}{\rho} = \frac{25 \cdot 10^{-3}}{2{,}5 \cdot 10^{-5}} = 1000\, m$$

$\rho = 2{,}5 \cdot 10^{-5} N/mm^2;\ f_{Ck} = 25\ N/mm^2$

Baustahl: S235

$$h_{max,Stahl} = \frac{f_y}{\rho} = \frac{235 \cdot 10^{-3}}{7{,}8 \cdot 10^{-5}} = 3013\, m$$

$\rho = 7{,}8 \cdot 10^{-5} N/mm^2;\ f_y = 235\ N/mm^2$

Nadelholz C24 (Belastung parallel zur Faser):

$$h_{max,Holz,0} = \frac{f_{c,0,k}}{\rho} = \frac{21 \cdot 10^{-3}}{4{,}2 \cdot 10^{-6}} = 5000\, m$$

$\rho = 4{,}2 \cdot 10^{-6} N/mm^2;\ f_{c,0k} = 21\ N/mm^2$

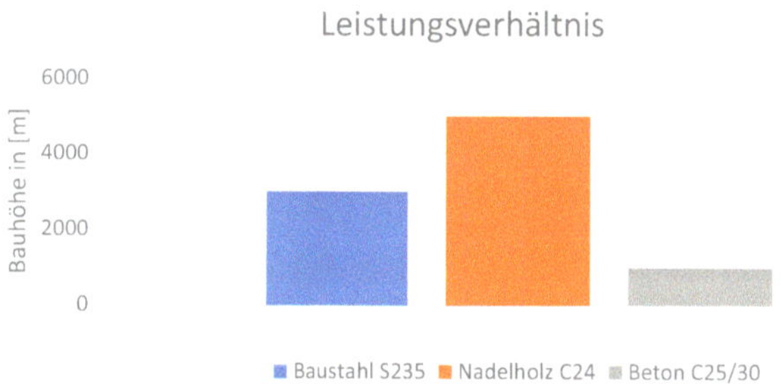

Tab. 2: Leistungsverhältnis, maximale Bauhöhe bis zum Versagen unter Eigengewicht

3.2 Offene Tragkonstruktionen im Vergleich bei einer Gebäudeaufstockung

Die Wohnungsknappheit in den Großstädten ist ein wachsendes Problem und der Baugrund ist zunehmend ausgeschöpft. Bestehende Gebäude müssen oft abgerissen werden, da eine Aufstockung und somit eine Erweiterung des Wohnraumes aus statischen Gründen nicht möglich ist [Mis-17], [SÜD-10]. Eine Lösung bietet die Aufstockung in Holzbauweise, da der Holzbau im Vergleich zu den anderen tragenden Baustoffen (Stahl, Beton) ein deutlich besseres „Leistungsgewicht" aufweist (siehe Kap.3.1).

Im Zuge dieses Kapitels wird eine Alternative zu der durchgeführten Aufstockung (BFT-Hauptgebäude 2011) in offener Stahlkonstruktion, in offener Holzbauweise statisch, brandschutztechnisch und wirtschaftlich herangeführt. Betrachtet wird das Haupttragwerk der Decken- und Bodenkonstruktion, siehe Abb. 5. Das statische System der Träger des Bodens und des Daches sind identisch. Sie bilden jeweils einen Zweifeldträger mit einer Gesamtlänge von ca. 10,4 Metern. Die Tragkonstruktionen unterscheidet sich lediglich in ihren Querschnittsabmessungen und in den Abständen zueinander.

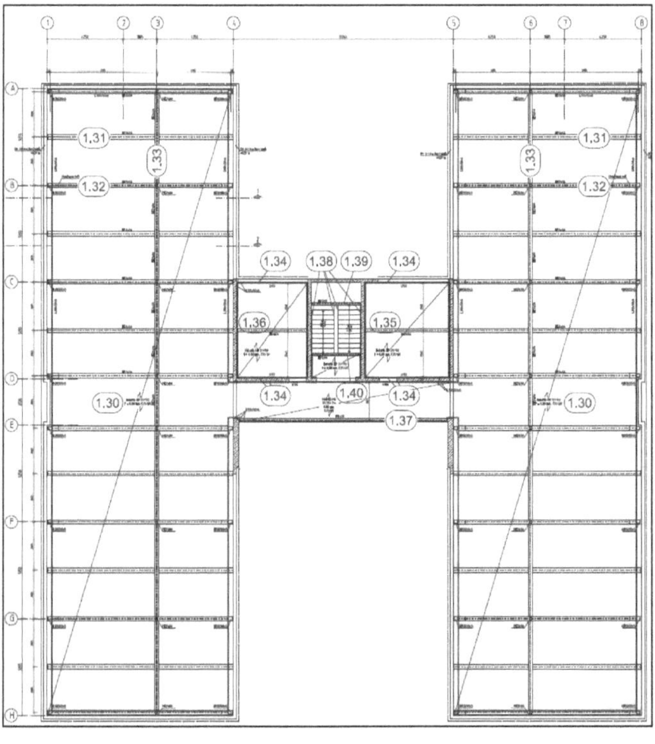

Abb. 5: Grundriss BFT-Gebäude Im Süsterfeld 1, 52072 Aachen, Hauptträgeranordnung

3.2.1 Stahlbauweise (Bestand)

Die Aufstockung des Gebäudes erfolgt als Stahlkonstruktion mit Trapezblecheindeckung. Die Aussteifung ist über einen massiven Treppenhauskern ausgebildet und über Schubfelder des Daches und der Wände realisiert. Für den Vergleich werden die Hauptträger der Dachkonstruktion und die Hauptträger des Bodentragwerks betrachtet.

Statik

Die Berechnung erfolgt über ein statisches Zweifeldsystem, welches durch die Dacheindeckung und die zugehörigen veränderlichen Lasten (Wind, Schnee und Verkehr) bemessen wird.

Heißbemessung

Im Zuge des Brandschutzkonzeptes wurde eine offene Stahlbauweise angezielt. Über die Naturbrandberechnung nach DIN EN 1991-1-2, NA: 2010-12 wurde der Feuerwiderstand F90 nachgewiesen. Über das Bemessungsprogramm InfoGraph wurde die Bauteiloberflächentemperatur zu jedem Zeitpunkt der zu prüfenden 90 Minuten Naturbrandereignis abgebildet. Somit konnte nachgewiesen werden, dass zu keinem Zeitpunkt des Brandereignisses die kritische Stahltemperatur von 600° C überschritten wurde.

3.2.2 Holzbauweise

Statik

Für die Vergleichsbemessung sind die angenommenen Belastungen aus der Bestandsstatik herangezogen. Beide Hauptträger, die als gewalzte Stahlprofile ausgebildet sind, werden durch Brettschichtholzträger (GL24c) ersetzt und bemessen (vgl. Anhang: Hauptträger Boden, statische Vergleichsrechnung und Hauptträger Dach, statische Vergleichsrechnung).

Heißbemessung

Im Folgenden ist eine händische Heißbemessung für beide Hauptträger nach DIN EN 1995-1-2, Abschnitt 4.2.3 (Methode mit reduziertem Querschnitt), aufgeführt (vgl. Anhang:Heißbemessung Dachträger).

System

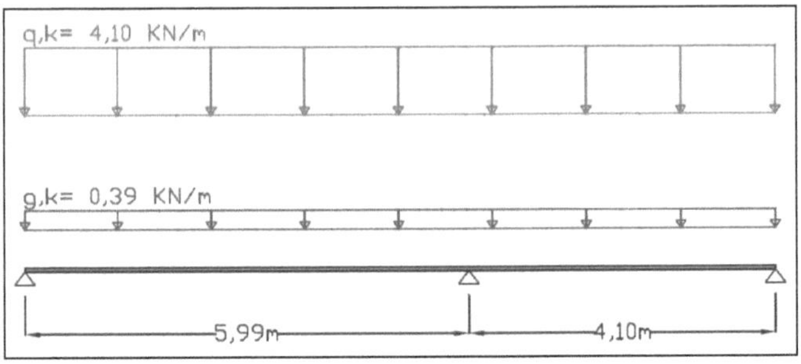

Abb. 6: Statisches System Hauptträger Boden, Aufstockung BFT Gebäude

Bodenträger GL24c, b/h = 16/28

Nutzungsklasse 1 (NKL), beheizt und überdacht; KLED = mittel

Brandbeanspruchung: 3-Seitig

Branddauer = t_f = 90 Minuten

Belastung

$\boldsymbol{q_{G,k} = 0{,}39 \frac{kN}{m}}$ (ständig)

$q_{Q,k} = 4{,}10 \frac{kN}{m}$ (veränderlich)

$E_{d,fi} = q_{G,k} + \Psi_2 \cdot q_{Q,k}$ (DIN EN 1990, Gl. (6.11b))

mit $\Psi_2 = 0{,}3$ (Büroräume) (DIN EN 1990/NA, Tab. NA. 1.1)

$\Rightarrow q_{\mathrm{d},fi} = 0{,}39 + 0{,}3 \cdot 4{,}10 = 1{,}62 \frac{kN}{m}$ (Bemessungslast im Brandfall)

Schnittgrößen

Maximales Feldmoment (Brandfall):

$M_{d,fi} = Tafelwert \cdot q_{\mathrm{d},fi} \cdot (l_2)^2$ [SBT-12] (4.17 Tab. 1.4.3)

$= 0{,}183 \cdot 1{,}62 \cdot 4{,}10^2 = 4{,}98kNm$

Abbrandrate:

$\beta_n = 0{,}55 \frac{mm}{min}$ (EC5-1-2, Tab. (3.1))

Abbrand nach 90 Minuten:

$d_{ch\,ar,n} = \beta_n \cdot t_f = 0{,}55 \cdot 90 = 49{,}5\,mm$ (EC5-1-2, Gl. (3.2))

$b_{red} = b - 2 \cdot d_{ch\,ar,n} = 16 - 2 \cdot 4{,}95 = 6{,}1\,cm$

$h_{red} = b - 1 \cdot d_{ch\,ar,n} = 28 - 1 \cdot 4{,}95 = 23{,}1\,cm$

Resultierende Querschnittswerte:

$p = 2 \cdot (b_{red} + h_{red}) = 2 \cdot (6{,}1 + 23{,}1) = 58{,}3\,cm$ (Umfang Restquerschnitt)

$A_{red} = b_{red} \cdot h_{red} = 6{,}1 \cdot 23{,}1 = 140{,}61\,cm^2$ (reduzierte Querschnittsfläche)

$W_{y,red} = \frac{b_{red} \cdot h_{red}^2}{6} = \frac{6{,}1 \cdot 23{,}1^2}{6} = 540{,}2\,cm^3$ (Widerstandsmoment reduziert)

$I_{y,red} = \frac{b_{red} \cdot h_{red}^3}{12} = \frac{6{,}1 \cdot 23{,}1^3}{12} = 6225{,}3\,cm^4$ (Flächenträgheitsmoment reduziert)

Maximale einwirkende Biegespannung für den Bemessungsfall:

$\sigma_{m,y,fi} = \frac{M_{d,fi} \cdot 10^6}{W_{y,red} \cdot 10^3} = \frac{4{,}98 \cdot 10^6}{540{,}2 \cdot 10^3} = 9{,}22 \frac{N}{mm^2}$

Biegesteifigkeit für den Brandfall:

$f_{m,d,fi} = k_{mod,fi} \cdot \frac{f_{20}}{\gamma_{M,fi}} = 0{,}79 \cdot \frac{27{,}6}{1{,}0} = 21{,}8 \frac{N}{mm^2}$ (EC5-1-2, Gl. (2.1))

mit:

$k_{\mathrm{mod,m,fi}} = 1 - \frac{1}{200} \cdot \frac{p}{A_{red}} = 1 - \frac{1}{200} \cdot \frac{58{,}3 \cdot 10^{-2}}{140{,}61 \cdot 10^{-4}} = 0{,}79$ (EC5-1-2, Gl. (4.2))

$f_{20} = k_{fi} \cdot f_{m,k} = 1{,}15 \cdot 24 = 27{,}6$ (EC5-1-2, Gl. (2.1))

- $k_{fi} = 1{,}15$ (EC5-1-2, Tab. (2.1))
- $f_{m,k} = 24 \frac{N}{mm^2}$ (DIN EN 14080 (Tab. 4))

$\gamma_{m,fi} = 1{,}0$ (EC5-1-2, 2.3, Anm. 2)

Elastizitätsmodul im Brandfall:

$E_{d,fi} = k_{mod,E,fi} \cdot \frac{s_{20}}{\gamma_{m,fi}} = 0{,}87 \cdot \frac{10465}{1{,}0} = 9105 \frac{N}{mm^2}$ (EC5-1-2, Gl. (2.2))

mit:

$k_{\mathrm{mod,E,fi}} = 1 - \frac{1}{330} \cdot \frac{p}{A_{red}} = 1 - \frac{1}{330} \cdot \frac{58{,}3 \cdot 10^{-2}}{140{,}61 \cdot 10^{-4}} = 0{,}87$ (EC5-1-2, Gl. (4.4))

$S_{20} = k_{fi} \cdot E_{05} = 1{,}15 \cdot 9100 = 10465 \frac{N}{mm^2}$ (EC5-1-2, Gl. (2.2))

- $k_{fi} = 1{,}15$ (EC5-1-2, Tab. (2.1))
- $E_{05} = 9100 \frac{N}{mm^2}$ (DIN EN 14080 (Tab. 4))

$\gamma_{m,fi} = 1{,}0$ (EC5-1-2, 2.3, Anm. 2)

Bemessung

Biegedrillknicken in Feldmitte: (EC5-1-1, Abs. 6.3.3)

Kippbeiwert: (EC5-1-1, Gl. (6.34))

$k_{crit,fi} = 1$ für $\lambda_{rel,m,fi} \leq 0{,}75$

$k_{crit,fi} = 1{,}56 - 0{,}75 \cdot \lambda_{rel,m,fi}$ für $0{,}75 < \lambda_{rel,m,fi} \leq 1{,}4$

$k_{crit,fi} = \frac{1}{(\lambda_{rel,m,fi})^2}$ für $1{,}4 < \lambda_{rel,m,fi}$

$\lambda_{rel,m,fi} = \sqrt{\frac{f_{m,d,fi}}{\sigma_{m,crit,fi}}} = \sqrt{\frac{21{,}8}{21{,}3}} = 1{,}01$ (EC5-1-1, Gl. (6.30))

mit:

$f_{m,d,fi} = 21{,}8 \frac{N}{mm^2}$ (EC5-1-2, Gl. (2.1))

$\sigma_{m,crit,fi} = \frac{0{,}78 \cdot b_{red}^2}{h_{red} \cdot l_{ef,fi}} \cdot E_{d,fi}$ (EC5-1-1, Gl. (6.32))

$= \frac{0{,}78 \cdot (6{,}1 \cdot 10)^2}{23{,}1 \cdot 10 \cdot 5{,}39 \cdot 10^3} \cdot 9105 = 21{,}3 \frac{N}{mm^2}$

- $l_{ef,fi} = 0{,}9 \cdot l = 0{,}9 \cdot 5{,}99 = 5{,}39\,m$ (EC5-1-1, Tab. (6.1))

$\Rightarrow k_{crit,fi} = 1{,}56 - 0{,}75 \cdot \lambda_{rel,m,fi} = 1{,}56 - 0{,}75 \cdot 1{,}01 = 0{,}80$

Nachweis:

$\frac{\sigma_{m,y,fi}}{k_{rit,fi} \cdot f_{m,d,fi}} = \frac{9{,}22}{0{,}80 \cdot 21{,}8} = 0{,}53 \leq 1{,}0$ (EC5-1-1, Gl. (6.33))

Nachweis erbracht!

3.2.3 Vergleich

Die aus der Bemessung gewählten Querschnitte aus der Bestandsstatik (Stahlkonstruktion) und aus der Vergleichsstatik (Holzkonstruktion) für die Hauptträger der Aufstockung sind in Tab. 3 aufgeführt. Die Dimensionen für den Massenvergleich sind für den HEA-Träger der DIN 1025-3 und für den IPE-Träger aus der DIN 1025-5 entnommen. Um die Masse pro Laufmeter ebenfalls für die beiden Holzträger zu ermitteln, wurden die gewählten Querschnitte mit der Rohdichte für Nadelholz GL24c (DIN EN 14080) multipliziert. Über die Summe der verbauten Hauptträgerlängen erhält man durch weitere Multiplikation die Gesamtmasse, die die bestehenden Geschosse abtragen.

Position	Material	Art	Breite [m]	Höhe [m]	Masse/lfm [Kg/m]	Länge ges. [m]	Gesamtmasse [to]	Kosten* [€]
Hauptträger Boden	Baustahl S235	HEA 240	0,23	0,24	60,30	404,00	24,36	57.838,56
Hauptträger Dach	Baustahl S235	IPE 300	0,15	0,30	42,20	396,00	16,71	40.393,86
						Summe	**41,07**	**98.232,42 €**

Hauptträger Boden	Holz GL24c	Rechteck 16/28	0,16	0,28	16,35	404,00	6,61	16.353,82
Hauptträger Dach	Holz GL24c	Rechteck 18/40	0,18	0,40	26,28	396,00	10,41	26.282,89
						Summe	**17,01**	**42.636,71 €**

Tab. 3: *Massenvergleich Hauptträger in offener Holz- und Stahlbauweise, *vgl. Anhang: Kostenrecherche Stahl- und Holzkosten*

Wenn man die Hauptträger der Aufstockung des Gebäudes in einer offenen Holzkonstruktion erbaut, würde man 24 Tonnen an Eigengewicht einsparen. Extrapoliert man diese Werte auf die gesamte Aufstockung, dann ergibt sich eine Gewichtsersparnis von fast 60%, ohne dabei die Anforderungen an eine ausreichende Tragfähigkeit im Brandfall zu vernachlässigen (vgl. Kap. 3.2.2). Betrachtet man beide Tragwerksstoffe aus finanzieller Sicht wird deutlich, dass die Anschaffungskosten beim Holztragwerk nur etwa 42% der Anschaffungskosten des Stahltragwerks betragen.

4 Querschnittsreduzierung im Vollbrand

In diesem Kapitel werden zwei Berechnungsverfahren mit einem realen Brandversuch hinsichtlich der Querschnittsreduzierung verglichen. Alle Verfahren beruhen auf Grundlage der ETK.

4.1 Ermittlung nach DIN EN 1995

Um die Tragfähigkeit einer Konstruktion in offener Holzbauweise im Brandfall zu gewährleisten, stellt der Eurocode 5 (DIN EN 1995) zwei Varianten der Bemessung zur Verfügung:

a) Bemessung mit reduzierten Querschnitten

b) Bemessung mit reduzierten Eigenschaften

In der Bemessungsmethode a) werden die statischen Eigenschaften unter erhöhter Temperaturbeanspruchung durch die Bildung eines ideellen Restquerschnitts kompensiert. Bei Variante b) werden die statischen Eigenschaften unter der Brandbeanspruchung reduziert, wodurch die Querschnittsreduzierung einer realen Abbrandtiefe nachempfunden wird. In dieser konkreten Betrachtung wird die Holzbauwand aus der nachfolgenden Brandprüfung herangezogen. Nach DIN EN 1995 wird der eindimensionale Abbrand $d_{\mathrm{ch}\,ar,0}$ bei Normbrandbeanspruchung für die weitere Heißbemessung über den Bemessungswert β_0 und die zu erreichende Feuerwiderstandsdauer t ermittelt.

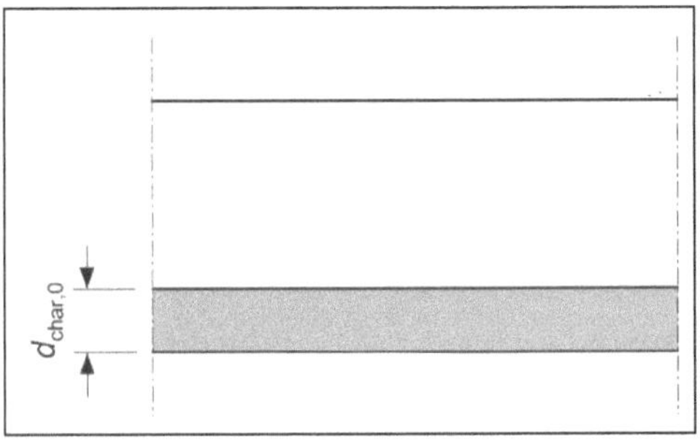

Abb. 7: Eindimensionaler Abbrand eines breiten Querschnitts, Handbuch Eurocode 5 Holzbau DIN konsolidierte Fassung 2., aktualisierte Auflage 2016

$d_{\mathrm{ch}\,ar,0} = \beta_0 \cdot t = 0{,}65 \cdot 90 = 58{,}5\ mm$ (EC 5-1-2, Gl. (3.2))

mit: $t = 90\ min$

$\beta_0 = 0{,}65 \frac{mm}{min}$ (Nadelholz C24 NH) (EC5-1-2, Tab. (3.1))

Die nach EC-5 zu erwartende Querschnittsreduzierung bei eindimensionaler Brandbeanspruchung nach 90 Minuten Vollbrand (DIN 4102-2 und DIN EN 1361-1) beträgt 58.5 mm (Abb.7)

4.2 Ermittlung durch Simulationsberechnung

Um einen Vergleich zu der konservativen Querschnittsreduzierung nach EC-5 zu erlangen, wird im Folgenden der eindimensionale Abbrand einer offenen Holzbauwand durch die Simulationsberechnung FDS dargelegt.

4.2.1 Erläuterung zu Fire Dynamics Simulator (FDS)

„Fire Dynamics Simulator (FDS) ist eines der international wohl am meisten verbreiteten Simulationsprogramme im Brandschutzingenieurwesen. FDS simuliert Brände und brandinduzierte Strömungen auf Grundlage der Navier-Stokes-Gleichungen. Dabei ist die Simulation der Strömung nur ein Teil des vollständigen Funktionsumfanges. Betrachtet werden des Weiteren physikalische Effekte wie Wärmestrahlung, Temperaturübergang auf Bauteile oder der chemische Verbrennungsprozess. Im deutschsprachigen Raum sind Programme zur Simulation von Strömungen als 'Feldmodell' bekannt, international als CFD-Code (Computational Fluid Dynamics)." (vgl. Boris Stock, F-Sim Simulationstechnik, http://www.f-sim.de/?page_id=5,)

4.2.2 Aufbau

Um den Rechenaufwand zu begrenzen, wurde ein Brandraum mit den Außenmaßen 1,0 x 0,8m gewählt. Trotz der kleinen Dimensionen muss die Genauigkeit der Meshes (Rastergröße der Messeinheiten) auf 1cm begrenzt werden, wodurch alle Messgenauigkeiten aus der Simulation auf die kleinste Einheit „cm" begrenzt ist. Es wird eine 20cm dicke Vollholzwand konstruiert (siehe folgende Abb.). Strukturen, wie etwa Faserverlauf und Wandaufbau (Schichten) werden nicht dargestellt. Die „simulierte Brandprüfung" läuft ebenfalls nach der ETK (DIN 4102). Die thermische Energie, die durch die Wand in den Brandraum emittiert wird, wird jedoch nicht durch die Energiequelle kompensiert und verrechnet.

Dies bedeutet eine höhere Energiedichte, als bei einem realen Brandversuch, wo Thermoelemente die tatsächlich entstehende Wärme (Raumtemperatur des Brandraumes) zum ist-Zeitpunkt auf Werte der vorgegebenen ETK regulieren. Aus diesem Grund kommt es im Brennraum zu höheren Temperaturen als die ETK für einen Vollbrand über 90 min. vorgibt. Die Differenz zum realen Brandszenario befindet sich jedoch rechnerisch auf der „sicheren Seite" (vgl. Anhang., Eingangsdaten der Simulation mit FDS).

4.2.3 Ergebnis der Simulationsrechnung

In Abb. 8 ist der Aufbau der Simulation über das Programm Smoke-View visualisiert, da FDS ein rein eingabebasiertes Programm ohne Oberfläche darstellt. Alle Rechenoperationen, Dimensionen oder Materialeigenschaften, werden über textbasierte Befehle in das Programm eingebunden (vgl. Anhang., Eingangsdaten der Simulation mit FDS).

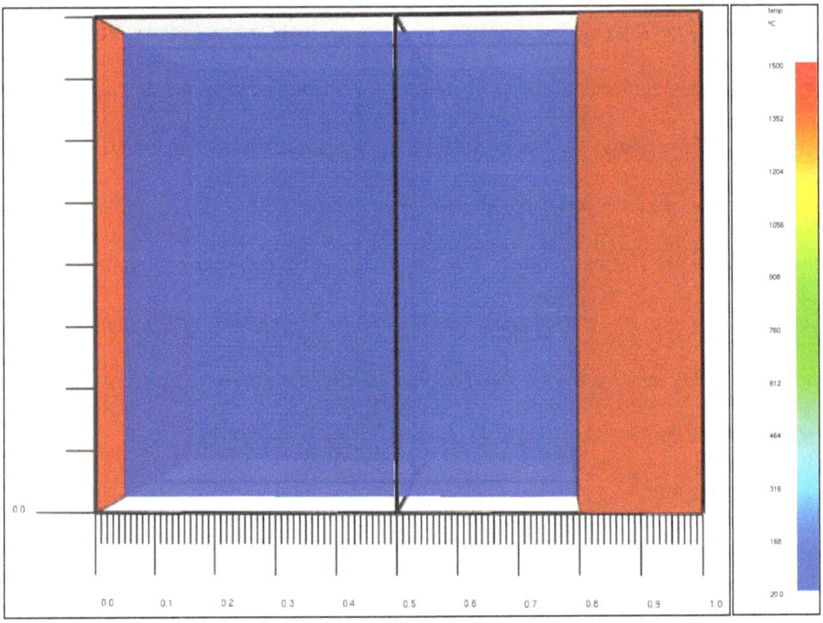

Abb. 8: visualisierte Ansicht der FDS-Simulation über Smoke-View bei t = 0 min. mittlere Raumtemperatur = 20 °C

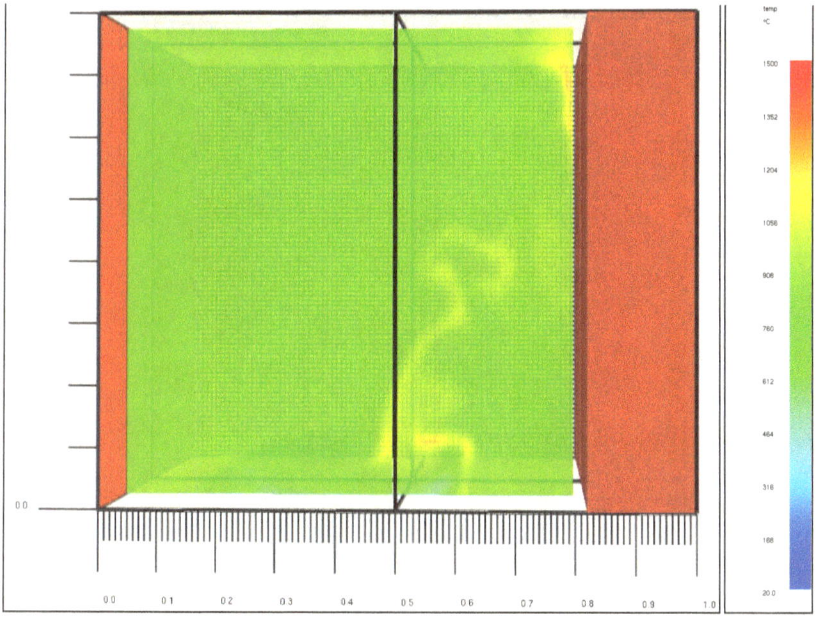

***Abb. 9:** visualisierte Ansicht der FDS-Simulation über Smoke-View bei t = 30 min. mittlere Raumtemperatur = 920,8 °C*

Das in Abb. 9 dargestellte hellgrüne Volumen zeigt die Lufttemperatur im Brennraum. Links in der Grafik, in dunkelrot dargestellt, ist das Heizelement, welches so viel Energie in den Brennraum emittiert, dass die Lufttemperatur zu jedem Zeitpunkt nach Vorgabe der ETK eingehalten wird. Zu diesem Zeitpunkt bei t = 30 min. liegt der Sollwert für eine ordnungsgemäße Brandprüfung bei 841,79 °C (DIN 4102 oder auch DIN EN 13501). Tatsächlich ist bei dieser Simulation die Brandraumtemperatur nach Entzündung der Holzwand immer etwas höher, da die emittierte Energie, wie bereits erwähnt, nicht kompensiert wird (vgl. 4.2.2 Aufbau und Tab. 4).

Zeit [min] Brandprüfung	Sollwert nach ETK [Grad Celsius]	Istwert FDS-Sim. [Grad Celsius]	Differenz zum Sollwert
0	20.00	20.00	0.00
30	841.80	920.80	79.00
60	945.30	987.80	42.50
72	972.60	984.10	11.50

***Tab. 4:** Vergleich Luftraumtemperaturen ETK zu FDS-Ausgabe*

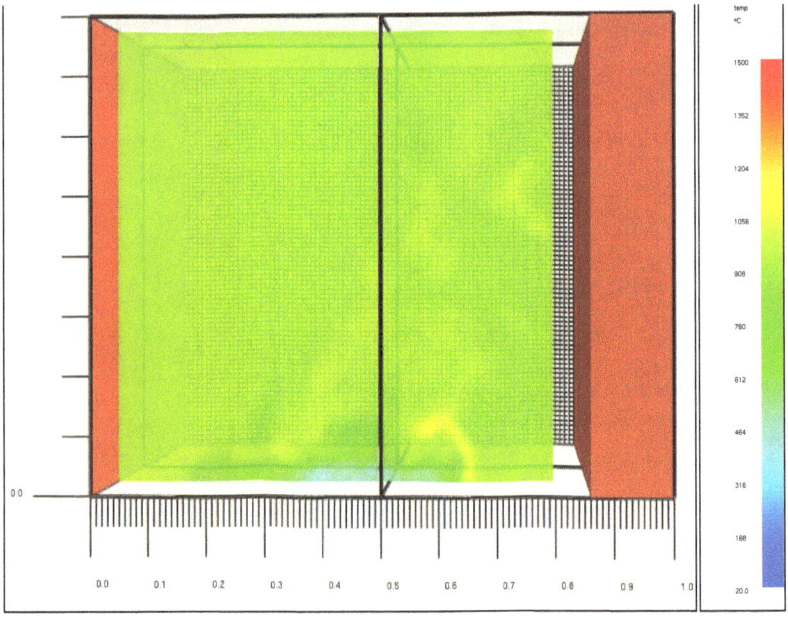

Abb. 10: *visualisierte Ansicht der FDS-Simulation über Smoke-View bei t = 60 min. mittlere Raumtemperatur = 987,8 °C*

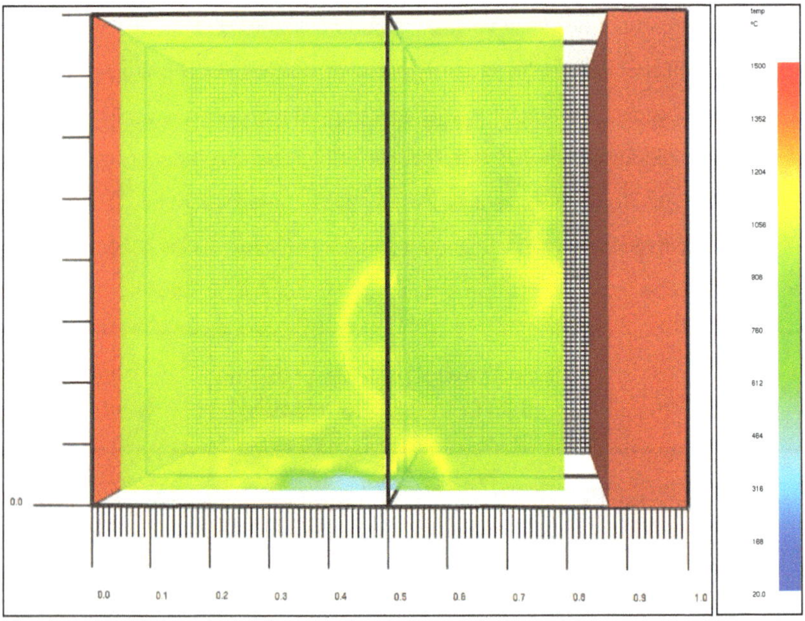

Abb. 11: *visualisierte Ansicht der FDS-Simulation über Smoke-View bei t = 72,3 min. mittlere Raumtemperatur = 972,6 °C*

In Abb. 10 ist die ermittelte Brandzeit t = 60 min. dargestellt und in Abb. 11 ist die zuletzt ermittelte Brandzeit von 72 Minuten zu sehen. Die Simulation läuft zu diesem Zeitpunkt seit 51

Tagen. Durch die zeitlich begrenzte Bearbeitungszeit der Bachelorarbeit, musste die Berechnung gestoppt werden. Das Datenvolumen der Simulation beträgt zu diesem Zeitpunkt bereits ca. 80 GB.

Time [s]	Time [min.]	Restquerschnitt d-total [mm]	Abbrand d [mm]
836	14	190	10
1358	23	180	20
1856	31	170	30
2372	40	160	40
2888	48	150	50
3404	57	140	60
3910	65	130	70
4338	72	130	70

Tab. 5: Abbrandrate der FDS-Simulation

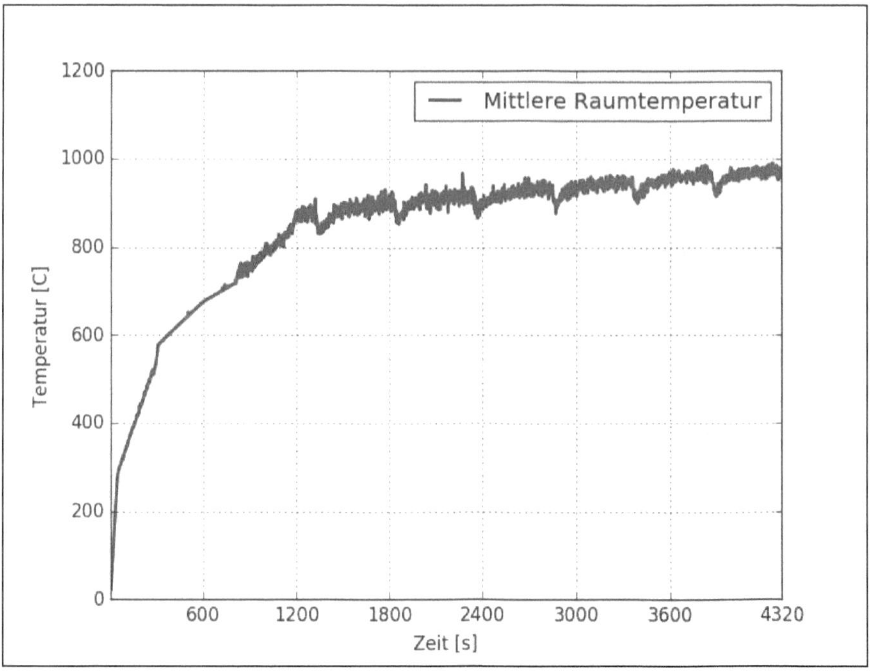

Abb. 12: Mittlere Raumtemperatur der FDS-Simulation

4.3 Ermittlung durch Brandprüfung

In der Brandprüfung ist neben der Holzbauwand mit integriertem Schottsystem auch ein eingemauerter Vollholzsturz verbaut. Um einen realen Abbrand zu messen, wird die Kohleschicht auf der brandzugewandten Seite bis auf die unverkohlte Holzstruktur entfernt. Der gemessene Abbrand beträgt im Mittel (gemessen an drei verschieden Stellen) d = 3.5 cm.

***Abb. 13:** Ansicht des freigelegten tragenden Restquerschnitts*

***Abb. 14:** Gemessener Abbrand des Holzelementes bis zum tragenden Restquerschnitts d = 3,4 cm*

Abb. 15: Gemessener Abbrand des Holzelementes bis zum tragenden Restquerschnitts d = 3,6 cm

4.4 Vergleich

In Tab. 5 ist nach 72 Minuten ein Abbrand von 70 mm erreicht, wohingegen sich bei der Abbrandberechnung nach EC5 (vgl. Kap. 4.1) nur 57 mm nach 90 min. einstellen. Der gemessene Abbrand in der Realbrandprüfung (vgl. Kap. 4.2) liegt nach ebenfalls 90 min. bei 35 mm.

In den Sicherheitsfaktoren der Berechnung nach EC5 ist ein verminderter Abbrand durch Verkohlung eingeschlossen. Die Verkohlungsschicht verhindert, dass Wärme und Sauerstoff an die darunterliegenden, noch unangegriffene Holzstruktur gelangt. Durch diese sich natürlich einstellende Brandschutzschicht, kann die Oxidation (Verbrennung) nur verlangsamt stattfinden [Neu-94]. Die Eigenschaft der Verkohlung kann bei der FDS-Simulation nicht miteinfließen. Die Brennraumtemperatur bei der FDS-Simulation ist zu jedem Zeitpunkt (vgl. Kap. 4.2.3 Tab. 5) höher als bei der realen Brandprüfung. Diese beiden Faktoren sind vermutlich die Ursache, dafür, dass die Abbrandrate in der Simulation deutlich höher ist, als bei der Berechnung nach EC5. Die Ursache, dass der Abbrand nach der realen Brandprüfung deutlich geringer ausfällt als bei der Berechnung nach EC5, sind die fehlenden Sicherheitsfaktoren, die eine Imperfektion oder ein anisotropes bzw. inhomogenes Verhalten des Holzes berücksichtigen.

Die Ergebnisse aus den drei Berechnungsverfahren zeigen, dass die Bemessung durch simulationsgesteuerte Verfahren oder die Berechnung nach DIN EN 1995 (EC5) stark auf der sicheren Seite liegen. Zudem ist es fraglich, ob die Verwendung der ETK einem realen Zimmerbrandereignis nachkommt, da die Brandlast sehr hoch dimensioniert ist. Ein Ergebnis, das näher an dem realen Brand wäre, ist mit der Berechnung nach einer Naturbrandkurve mit einem brandlastgesteuerten bzw. ventilationsgesteuerten Brandszenario möglich [Win-18].

5 Brandprüfung

Das folgende Kapitel erläutert die Ergebnisse der Brandprüfung vom 13.09.2018 in der MPA NRW Erwitte.

5.1 Veranlassung

Mit Ausblick auf eine zukünftige Möglichkeit zum Bau mehrgeschossiger Büro- und Wohnungsgebäude in Holzbauweise, muss ein Augenmerk auf die Durchdringungen auf die TGA (Technische Gebäudeausrüstung) gerichtet werden.

Durchdringungen von Kabeln und Rohren durch raumabschließende Wände oder Decken mit brandschutztechnischer Qualität sind somit unvermeidlich. Bis jetzt gibt es kein Schottsystem auf dem Markt, welches eine Zulassung für den Einbau in eine offene Holzkonstruktion besitzt. Daher wird im Zuge dieses Brandversuchs ein Schottsystem mit Kabelbündel an einer Wandkonstruktion repräsentativ getestet und ausgewertet.

5.2 Wandkonstruktion

Dipl.-Ing. Markus Duffner und Dipl.-Ing. Matthias Krupinski entwickelten mit Prof. Dr. Wilfried Moorkamp, Prof. Dr. Leif A. Peterson und Prof. Dr. Thomas Uibel. in den vergangenen Jahren eine neuartige Wandkonstruktion, die ohne Klebstoffe durch ein spezielles Fräsverfahren und stiftförmige Verbindungsmittel (Lagesicherung), tragende und aussteifende Eigenschaften aufweist. In Hinblick auf raumklimatische und ökologische Aspekte ist die Minimierung von Klebstoffen maßgebend. Die erste brandschutztechnische Betrachtung dieses neuen Bauproduktes in einem repräsentativen Brandversuch, wird in dieser Arbeit miteinbezogen und ausgewertet.

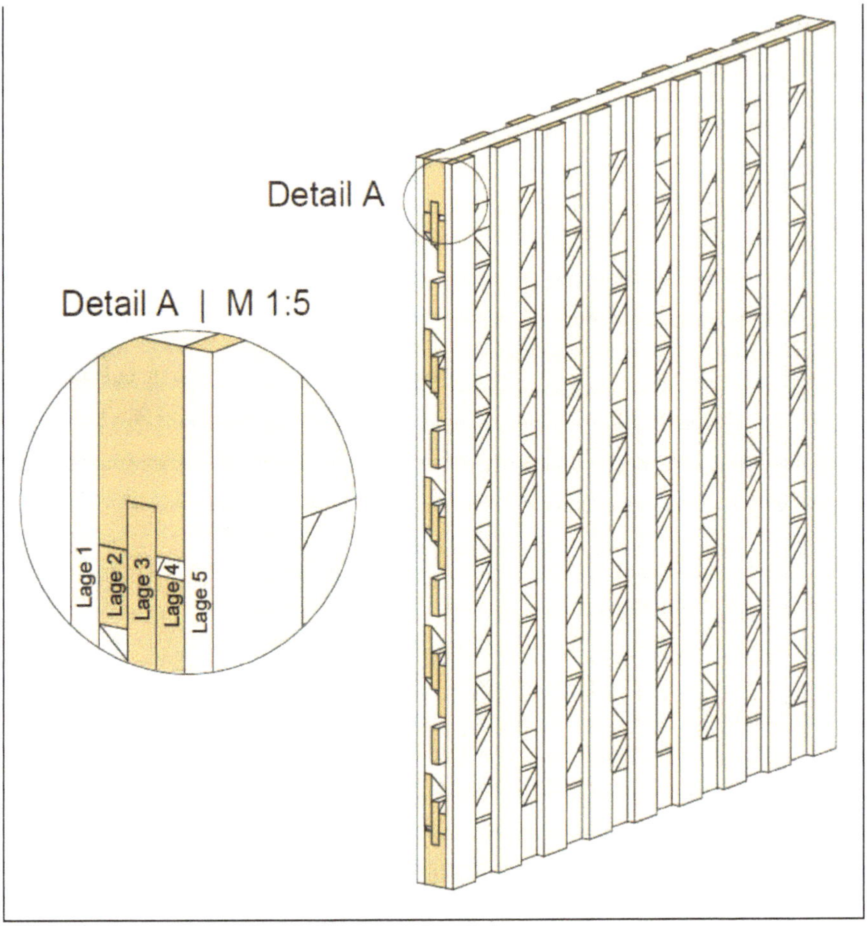

Abb. 16: *Ansicht,* Dipl.-Ing. Markus Duffner, Stuttgart 2018, Forschungsprojekt LoCaL - Wandversuche CLL

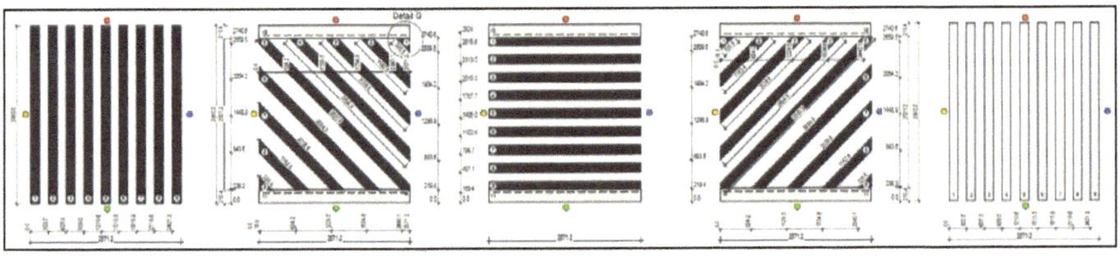

Abb. 17: *Wandlagen,* Dipl.-Ing. Markus Duffner, Stuttgart 2018, Forschungsprojekt LoCaL - Wandversuche CLL

In Abb. 17 wird der lagenweise aufgeschichtete Wandaufbau, der aus einzelnen Vollholzbohlen besteht, verdeutlicht. Die Holzbohlen, mit gleichen Dimensionen, werden mit einer speziellen Nutfräsung unter 45° Grad aufgeschichtet. Hierdurch wird die notwendige Tragfähigkeit und insbesondere die Scherfestigkeit erreicht.

Die durch den Lagenaufbau entstehenden Hohlräume werden mit Holzwolledämmplatten aufgefüllt und im Aufbau verpresst. So entsteht eine massive Holzbauwand, in die im weiteren Verlauf das Schottsystem ohne Kapselung eingebaut und getestet wird.

5.3 Aufbau

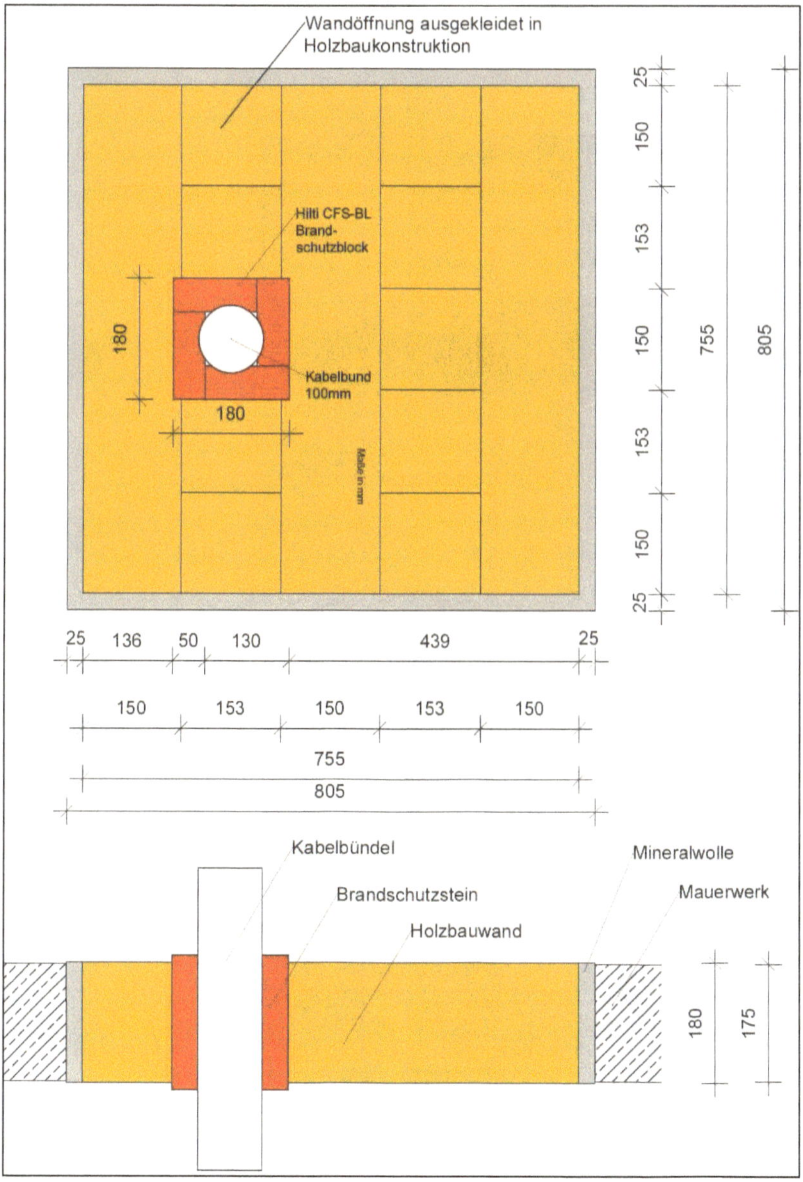

Abb. 18: Versuchsaufbau Brandprüfung 13.09.2018, Materialprüfungsamt Nordrhein-Westfalen

5.3.1 Brandschottsystem

Für die Verwendung eines geeigneten Schottsystems in offener Holzbauweise ist ein Schott gewählt worden, der bei Brandbeanspruchung expandiert, um einen mehrseitigen Abbrand durch Querschnittsreduzierung der Holzwand zu kompensieren. Die Brandschutzsteine (CFS-BL P) der Firma Hilti in Verbindung mit der Brandschutzfüllmasse (CFS-FIL) werden bei der Brandprüfung verwendet (vgl. Anhang: Produktdatenblatt Brandschutzstein CFS-BL P und Brandschutzfüllmasse CFS-FIL).

***Abb. 19:** Wandaufbau brandzugewandte Seite*

***Abb. 20:** Ansicht 4x5 Meter Prüfwand Großbrandversuch*

5.4 Versuchsauswertung

5.4.1 Allgemeine Beobachtung

Die Brandprüfung fand wie geplant am 13.09.2018 von 14:20 – 15:50 Uhr statt. Neben der Holzbauwand wurden noch weitere Bauprodukte zeitgleich getestet, ein Glaselement mit G und F Verglasung, verschiedene Natursteine, Türstürze aus Vollholz und Rohrdurchführungen.

Die gesamte Brandwand hatte eine Größe von 4 m Höhe und 5 m Breite. Der Versuch wurde als Großbrandversuch mit einer Brandbelastung nach ETK von 90 min. durchgeführt. Die weiteren Bauprodukte, die eingebaut wurden, sind bewusst nicht nach vorgegebener Einbauanleitung eingebaut worden und sind folglich fast alle im Laufe der 90 Minuten versagt.

Beim Start des Versuchs herrschte eine mittlere Oberflächentemperatur von 24 °C. Nach 90 Minuten der Brandprüfung ist die Oberflächentemperatur der Holzbauwand im Mittelwert auf 56 °C angestiegen, was einer Temperaturerhöhung von 32 Kelvin entspricht. Betrachtet man die Temperaturerhöhung der reinen Holzwandoberfläche (siehe Thermoelement Nr. 14, Abb. 21) ist zu vermerken, dass die Bauteiloberfläche von 24 auf 30 °C angestiegen ist. Das Schottsystem erwärmte sich im Laufe der Brandprüfung von 24 auf 68 °C (siehe Thermoelement Nr. 22, Abb. 21).

Einbauzustand bei 0 Minuten brandabgewandte Seite

Aufgebrachte Thermoelemente zur Messung der Oberflächentemperatur

Lagenweise aufgebaute Wandelemente, beginnend links mit Vollholz (C24-NH), dann eine Holzwolledämmplatte usw.

(vgl. Abb. 21)

Abb. 21: *Brandabgewandte Seite, t = 0 min.*

Brandabgewandte Seite nach Brandprüfung über 90 Minuten.

Brandszenario nach ETK.

Prüfung nach DIN EN 1361-1 und DIN 4102-1, -2

Abb. 22: *Brandabgewandte Seite, t = 90 min.*

Brandzugewandte Seite nach erfolgreicher Brandprüfung

Die ersten zwei bis drei Schichten des Wandaufbaus versagten, was etwa einem Abbrand von ca. 7-10 cm entspricht.

Abb. 23: *Brandzugewandte Seite, t = 90 min.*

Detail des verbauten Schottsystems in die offene Holzbaukonstruktion

Die Abschottung blieb über die gesamte Versuchsdauer rauchdicht.

Abb. 24: *Detail Schott, t = 90 min.*

Ansicht der brandzugewandten Seite nach 10 Minuten Brandprüfung.

Vertikale Lamelle besteht aus einer Holzwolledämmplatte. Es ist ein schnelles Schwinden in der Breite und Länge der Lamelle zu beobachten, sodass es bereits zu Anfang des Versuches zu einem mehrseitigen Abbrand der tragenden Holzstruktur kommt

Abb. 25: *Brandzugewandte Seite t = 10 min.*

Ansicht der brandzugewandten Seite nach 30 Minuten Brandprüfung.

Abb. 26: *Brandzugewandte Seite t = 30 min.*

Ansicht der brandzugewandten Seite nach 40 Minuten Brand-prüfung.

Erstes Versagen der Holzwolle-dämmplatte im oberen Bereich

Abb. 27: *Brandzugewandte Seite t = 40 min.*

Ansicht der brandzugewandten Seite nach 50 Minuten Brand-prüfung.

Rechte vertikale Holzständer-schicht versagt mittig

Abb. 28: *Brandzugewandte Seite t = 50 min.*

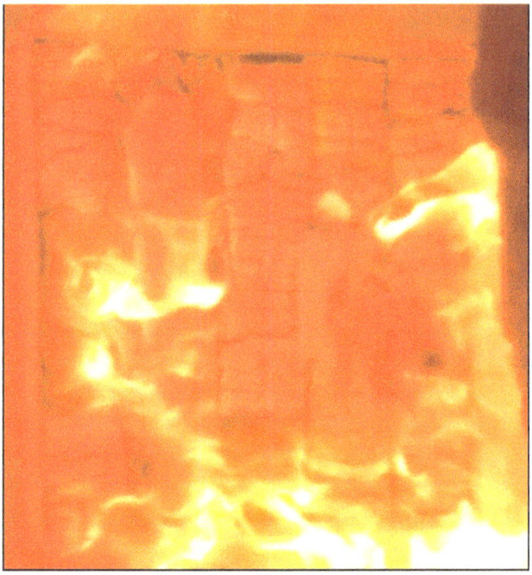

Ansicht der brandzugewandten Seite nach 75 Minuten Brandprüfung.

Abb. 29: Brandzugewandte Seite t = 75 min.

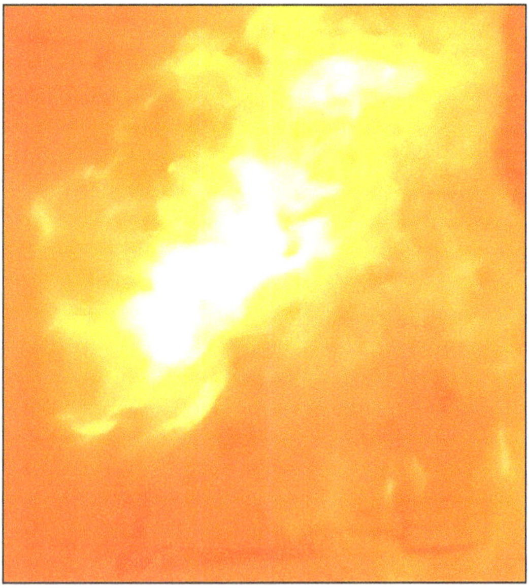

Ansicht der brandzugewandten Seite nach 85 Minuten Brandprüfung.

Aufnahme fast unmöglich, da das Schaufenster durch die hohe Temperatureinwirkung undurchsichtig wird

Abb. 30: Brandzugewandte Seite t = 85 min.

Minuten	Istwert Brandraum	Sollwert Brandraum	M12	M13	M14	M15	M16	M17	M18	M19	M20	M21	M22	M23	M24
0:00	0	0	0	0	0	0	0	0	0	0	0	0	0	0	0
5:00	0	0	0	0	0	0	0	0	0	0	0	0	0	0	0
10:00	66	329	0	0	0	0	0	0	0	0	0	0	0	0	2
15:00	593	583	1	1	1	1	1	1	1	1	1	0	1	1	7
20:00	692	673	1	1	0	1	1	1	0	0	1	0	1	1	14
25:00	715	728	1	0	0	4	0	0	0	0	0	0	2	1	24
30:00	**762**	**769**	**0**	**0**	**0**	**4**	**0**	**0**	**0**	**0**	**0**	**0**	**3**	**1**	**34**
35:00	795	800	1	0	0	4	0	0	0	0	1	0	6	3	47
40:00	822	827	2	0	1	5	0	0	0	1	3	0	8	5	62
45:00	848	849	4	1	1	5	0	1	0	3	7	0	11	9	69
50:00	869	868	7	2	1	6	2	4	1	5	13	0	13	13	79
55:00	888	886	11	4	1	5	8	9	2	7	22	0	15	18	88
60:00	**894**	**901**	**17**	**7**	**2**	**6**	**16**	**16**	**5**	**11**	**34**	**0**	**17**	**23**	**93**
65:00	903	915	22	11	2	6	25	25	9	17	45	0	18	29	97
70:00	924	928	27	18	2	6	34	35	14	22	47	0	21	33	99
75:00	942	940	32	27	3	8	39	42	18	27	49	0	25	36	103
80:00	955	951	44	43	5	14	51	52	24	33	52	0	31	47	106
85:00	968	961	42	44	5	21	43	45	24	32	49	0	37	44	109
90:00	**974**	**970**	**43**	**51**	**6**	**24**	**46**	**46**	**25**	**33**	**53**	**0**	**43**	**45**	**114**
91:00	976	972	43	53	6	25	46	46	26	33	54	0	43	46	116
92:00	977	974	*)	55	6	26	47	47	*)	*)	*)	*)	*)	*)	*)

Abb. 31: *Thermorohdaten Holzbauwand brandabgewandte Seite, Messdaten zur Verfügung gestellt von der MPA-NRW Erwitte*

Die Temperaturerhöhung auf der brandabgewandten Seite an der reinen Holzbauwand (Abb. 31 grüne Markierung) sowie die Schnittstelle Schott-Holzwand (Abb. 31 blaue Markierung) nach 90 Minuten Brandprüfung, verdeutlichen den geringen Wärmedurchgang und somit die Funktionalität des aufgebauten Schottsystems in die reine Holzbauwand ohne die Ausbildung einer entsprechenden Kapselung nach M-HFHHolzR.

Die Temperaturerhöhung an der Messtelle M22 beträgt 43 Kelvin, zulässig sind laut DIN 4102-2 (Abs. 5.2.2) 140 Kelvin. Über die gesamten Messergebnisse hinweg wird dieser Wert nicht erreicht. Die größte Temperaturerhöhung ist am Messpunkt M24, wo zum Zeitpunkt t=90 min. 114 Kelvin gemessen wurden. Dieser Messpunkt erfährt im Vergleich zu den übrigen Messstellen einen mehr als doppelt so hohen Wärmedurchgang, der auf die Positionierung des Messpunktes zurückzuführen ist.

Der Messpunkt ist direkt auf dem Kabelbündel angebracht (vgl. Abb.32). Da Kabelbündel zu großen Anteilen aus Kupfer bestehen, ist der erhöhte Wärmedurchgang auf die hohe Wärmeleitfähigkeit von Kupfer zurückzuführen.

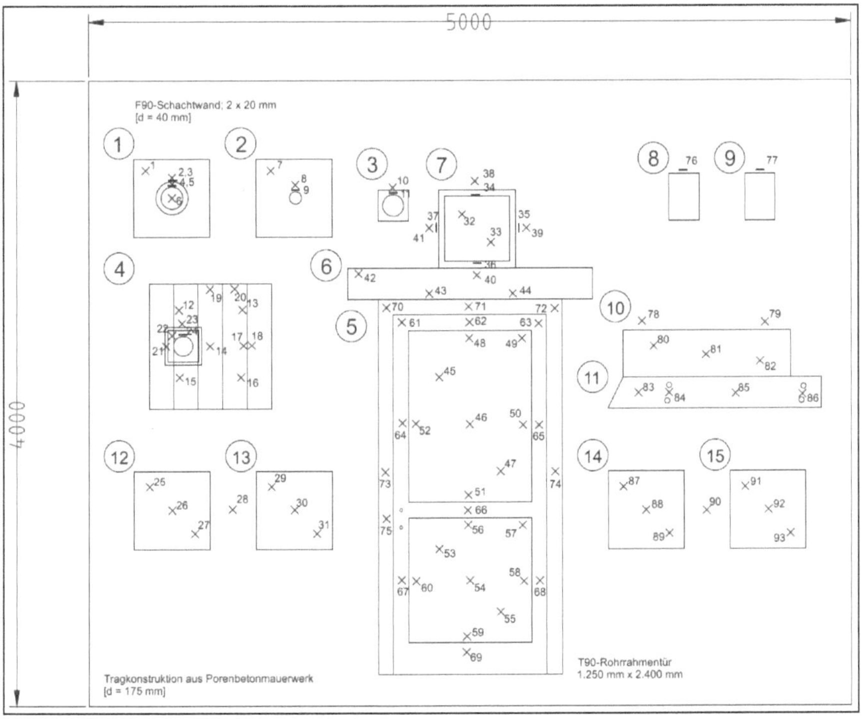

Abb. 32: Messstellenplan [Stand 03.09.2018] Ansicht von der dem Feuer abgekehrten Seite

5.4.2 Auswertung Schnittstelle Schott-Holzwand

Wie schon in Kap. 5.4.1 erwähnt, kommt es zu keinerlei Rauchdurchtritt an der Anschlussstelle des Schottsystems (Brandschutzstein) und ebenso nicht an der gewählten offenen Holzkonstruktion.

Der gewählte Versuchsaufbau stellt eine Abweichung von der Musterholzbaurichtlinie (MF-HFHHolzR) und der entsprechenden bauaufsichtlichen Zulassung des Schottsystems Z-19_15-2083 (F-60) und Z-19_15-2088 (F-90) dar, und ist Untersuchungsgegenstand dieser Brandprüfung. Es ist kein höherer Abbrand bzw. keine größere Querschnittsschwächung der Holzbauwand im Bereich des Schottsystem im Vergleich zum restlichen Wandaufbau messbar.

Der im Allgemeinen größere Abbrand der gewählten Wandkonstruktion im Vergleich zu einer Massivholzwand (3.5cm zu 7.5-10 cm) in gleicher Stärke ist auf die rein mechanische Verbindung der Wandkonstruktion und die Verwendung von Holzwolledämmplatten zurückzuführen. Durch das stärkere Schwinden der Holzwolldämmplatte (vgl. Abb. 33) kommt es zu einem mehrseitigen und mehrlagigen Abbrand.

Abb. 33: Fuge zwischen Holzwolledämmplatte und Massivhollamelle ca. 10 mm

In Abb. 34 ist ein Abbrand bis zum tragenden Restquerschnitt von ca. 8 cm zu messen. In Abb. 35 liegt die gleiche Messung bei etwa 6 cm. Diese Differenz ist auf den unterschiedlichen Wandaufbau zurückzuführen. Der in Abb. 34 gezeigte Querschnitt hat als Decklage eine Massivholzlamelle, wobei in Abb. 35 als Decklage eine Holzwolledämmplatte verwendet wurde.

Der in Abb. 33 und 34 dargestellte Querschnitt, muss bei Betrachtung um 2 cm reduziert werden, da es sich hierbei um die Aufdopplung der brandabgewandten Seite handelt und nicht zum tragenden Querschnitt der Holzbauwand gehört (vgl. Abb. 24). Diese Aufdopplung ist bei der gewählten Wandkonstruktion nötig, da der Brandschutzstein in voller Länge (200mm) eingebunden sein muss und die tragende Wandkonstruktion eine Stärke von 18 cm aufweist. (vgl. Anhang: Produktdatenblatt Brandschutzstein CFS-BL P und Brandschutzfüll-masse CFS-FIL).

Abb. 34: Querschnitt Anschlussstelle Schott-Holzwand [1]

Abb. 35: Querschnitt Anschlussstelle Schott-Holzwand [2]

Um herauszufinden, ob die höhere Abbrandrate der Wandkonstruktion im Vergleich zu einer Massivholzwand durch die mechanische Verbindung oder die Verwendung der Holzwolledämmplatte entsteht, wird in Abb. 36 ein Querschnitt der Wand freigelegt, an dem nur Vollholzelemente verbaut sind.

Abb. 36: *Knotenpunkt der offenen Wandkonstruktion, Querschnitt ohne Holzwolldämmplatte*

6 Fazit

Die Wandkonstruktion überrascht durch einen geringen Abbrand, wobei die einzelnen Lamellen nur durch mechanische Verbindungsmittel in den Knotenpunkten gehalten werden. Die als Füllmaterial verwendeten Holzwolledämmplatten, zeigen einen sehr geringen Abbrand in der Stärke des Materials. Nach wenigen Minuten kommt es zu einem starken Schwinden in der Breite, sowie in der Länge der Platte, wodurch die tragende Holzkonstruktion einem mehrseitigen Abbrand ausgesetzt ist. Die gesamte Konstruktion bleibt über die volle Länge der Brandprüfung rauchdicht, obwohl die einzelnen Lagen der Wandkonstruktion keine Dichtigkeit vermuten ließ.

Die Anforderungen für eine raumabschließende Wand mit brandschutztechnischen Eigenschaften bestehen darin, über die gesamte Widerstandsdauer (F30, F60, F90...) das Ausbreiten von Feuer, Rauch und Wärme in anschließende Räume zu verhindern. Die Schutzziele nach BauO NRW § 17 Abs. (1), die hinter diesen Eigenschaften stehen, sind:

- Die Verhinderung der Ausbreitung von Feuer und Rauch
- Die Rettung von Menschen und Tieren
- Die Möglichkeit von wirksamen Löscharbeiten

Alle angeschlossenen Bauteile müssen in einer mindestens gleichwertigen Qualität verbaut werden. In dieser Brandprüfung ist zu erkennen, dass diese Anforderungen über 90 Minuten erreicht werden. Die Ausbreitung von Feuer und Rauch in benachbarte Räume, sowie die maximale Oberflächentemperaturerhöhung von 140 Kelvin ist nicht überschritten.

Betrachtet man die gewählte Wandkonstruktion wäre noch zu klären, ob die Tragfähigkeit nach Versagen von zwei Schichten gewährleistet ist. Zudem ist der Wandaufbau mit Verwendung des Füllmaterials aus Holzwolledämmplatten zu überdenken, da diese im Brandversuch einen Schwachpunkt darstellen (vgl. Kap. 5.4.1 und 5.4.2). Die Verwendung einer nichtbrennbaren Mineralwolle wäre eine zu untersuchende Alternative.

Der Einbau des Kabelbündels mit dem Hilti-Brandschutzstein in die unbekleidete Holzbauwand ist nach diesem Versuch als sehr positiv und unbedenklich zu bewerten. Die Erweiterung der bauaufsichtlichen Zulassung für den Einbau in unbekleidete Vollholzwände ist meiner Meinung nach, ein realistisches Ziel für den Schotthersteller.

Eine Neuauflage der M-HFHHolzR ist wünschenswert, da die genannten Schutzziele ohne Kapselung in massiven Holzbauwänden ebenfalls erreicht werden. Die durch die offenen Holzflächen entstehende größere immobile Brandlast könnte beispielsweise durch eine Verkleinerung der einzelnen Nutzungseinheiten kompensiert werden.

Glossar

A	Nicht brennbar
AB	Im Wesentlichen nicht brennbar
B	Brennbar
Mesh	Rasterbezeichnung bei der FDS-Programmierung
ETK	Einheitstemperaturzeitkurve, DIN 4102-2
„sicheren Seite“	Abweichung von einem vorgegebenen Rechenvorgang, jedoch statisch unbedenklich da der Widerstand verringert wird
F 30	Feuerwiderstandsdauer von 30 min.
F 60	Feuerwiderstandsdauer von 60 min.
F 90	Feuerwiderstandsdauer von 90min.
Anisotrop (Holzbau)	Unterschiedliche Tragfähigkeit des Materials durch unterschiedliche Holzstrukturen (Früh-holz/Spätholz)
Inhomogen (Holzbau)	Unterschiedliche Tragfähigkeiten je nach Belastungswinkel auf die Holzstruktur
TGA	Technische Gebäudeausrüstung

Anhang

Hauptträger Boden, statische Vergleichsrechnung

Maßstab 1 : 75

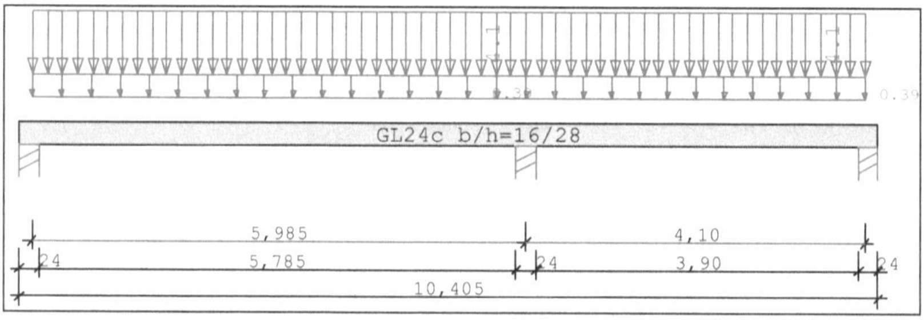

Holzträger über 2 Felder GL24c
E-Modul E_{mean} = 11000 N/mm2 DIN EN 1995-1-1/NA:2013-08

System	Länge		Querschnittswerte		
Feld	L (m)		b (cm)	h (cm)	Iy (cm4)
1	5.99	konstant	16.0	28.0	29269.3
2	4.10	konstant	16.0	28.0	29269.3

Belastung Lasttyp: 1=Gleichlast über L 2=Einzellast bei a
(kN,m) 3=Einzelmoment bei a 4=Trapezlast von a - a+b
5=Dreieckslast über L 6=Trapezlast über L

Feld	Typ	EG	Gr	g_l/r	q_l/r	Faktor	Abstand	Länge	ausPOS	Phi
1	1	B		0.39	4.10	1.00				
2	1	B		0.39	4.10	1.00				

Eigengewicht des Trägers ist mit Gamma = 5.0 kN/m3 berücksichtigt.

Einwirkungen:

Nr	Kl	Bezeichnung	ψ0	ψ1	ψ2	γ	KLED
B	1	Büros	0.70	0.50	0.30	1.50	mittel

Schadensfolgeklasse CC 2 nach EN 1990 Tab. B1 -> K_{Fi} = 1.0 Tab. B3

Durchbiegungen	maximale			minimale		
Feld Nr.	x (m)	f (cm)	Komb	x (m)	f (cm)	
1	2.69	1.55	2	4.49	-0.12	3
2	2.05	0.35	3	1.64	-0.37	2

Bemessung: DIN EN 1995-1-1/NA:2013-08 GL24c
basierend auf EN 1995-1-1/A2:2014

Materialnorm: EN 14080:2013

Nutzungsklasse 1 kdef = 0.60 γM = 1.30 $\gamma M(A)$ = 1.00

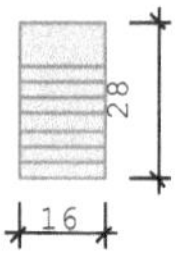

Emean = 1100 kN/cm2 Gmean = 65 kN/cm2
fm,k,My = 24.0 N/mm2 fm,k,Mz = 24.0 N/mm2
fv,k,Vz = 3.5 N/mm2 fv,k,Vy = 3.5 N/mm2

Spannungen mit FLBemHo901 gerechnet. (Version 9.0.4.2)

Normalspannungen b/h = 16/28

Der Druckgurt ist kontinuierlich gehalten.

Feld Nr.	x (m)	My,d (kNm)	σd,o (N/mm2	σd,u)	kcrit	kmod	σd/fm,d
1	0.00	0.00	0.00	0.00	1.00	0.00	0.00
	2.53	22.44	-10.73	10.73	1.00	0.80	0.67
	5.99	-24.51	11.72	-11.72	1.00	0.80	0.74
2	0.00	-24.51	11.72	-11.72	1.00	0.80	0.74
	2.32	11.11	-5.32	5.32	1.00	0.80	0.33
	4.10	0.00	0.00	0.00	1.00	0.80	0.00

Der Beiwert kh nach EN 1995 3.3 (3) ist berücksichtigt.

Schubspannungen b/h = 16/28

Stütze Nr.		x (m)	Vz,d (kN)	τD (N/mm2)	kmod	τd/fv,d
1	re	0.360	15.19	0.51	0.80	0.33
2	li	0.400	-22.19	0.74	0.80	0.48
	re	0.400	17.49	0.59	0.80	0.38
3	li	0.360	-9.94	0.33	0.80	0.22

EN 1995 6.1.7 : kcr = 0.71

Auflager fc,90,k = 2.50 N/mm2

Stütze Nr.	b (cm)	d (cm)	max F (kN)	kmod	kc90	σc,90,d (N/mm2	fc,90,d)	η
1	24.0	16.0	17.7	0.80	1.25	0.41	1.54	0.21
2	24.0	16.0	45.3	0.80	1.25	0.94	1.54	0.49
3	24.0	16.0	12.5	0.80	1.25	0.29	1.54	0.15

Nachweis Gebrauchstauglichkeit nach DIN EN 1995-1-1/NA:2013-08 (2.2.3 , 7.2)

zul w_{inst} < L/300 zul w_{fin} < L/200 zul w_{net} < L/300

Feld	x1 (mm)		wgB (	wqB mm	w	zul w)	η
1	2693	inst:	1.7	13.8	15.5	20.0	0.78
		fin:	2.7	16.2	19.0	29.9	0.63
		net:	2.7	6.6	9.3	20.0	0.47
2	1640	inst:	-0.1	-3.6	-3.8	13.7	0.28

fin:	-0.2	-4.3	-4.5	20.5	0.22

Nachweis Gebrauchstauglichkeit nach DIN EN 1995-1-1/NA:2013-08 (2.2.3 , 7.2)

zul w_{inst} < L/300 zul w_{fin} < L/200 zul w_{net} < L/300

net:	-0.2	-1.7	-1.9	13.7	0.14

Nachweise im Brandfall nach DIN EN 1995-1-1/NA:2013-08

Die nachstehenden Brandparameter gelten für den gesamten Träger.

β_{li} (mm/min)	β_{re} (mm/min)	β_{un} (mm/min)	β_{ob} (mm/min)	t_F (min)
0.55	0.55	0.55	0.00	90.00

Spannungen mit FLBemHo901 gerechnet. (Version 9.0.4.2)

Normalspannungen:

Der Druckgurt ist kontinuierlich gehalten.

Nachstehende Querschnittsangaben für Querschnitt nach dem Abbrand.

Feld Nr.	x (m)	b (cm)	d (cm)	My,d (kNm)	σd,o (N/mm2)	σd,u (N/mm2)	kcrit	kmodϕM	σd/fm,d
1	0.00	0.0	0.0	0.00	0.00	0.00	1.00	0.00	0.00
	2.50	6.1	23.1	5.77	-10.68	10.68	1.00	0.81	0.46a
	5.99	6.1	23.1	-6.48	11.99	-11.99	1.00	0.81	0.52a
2	0.00	6.1	23.1	-6.48	11.99	-11.99	1.00	0.81	0.52a
	2.47	6.1	23.1	2.44	-4.51	4.51	1.00	0.81	0.20a
	4.10	6.1	23.1	0.00	0.00	0.00	1.00	0.81	0.00a

a : Methode mit reduzierten Eigenschaften nach EN 1995-1-2 4.2.3

b : Methode mit reduziertem Querschnitt nach EN 1995-1-2 4.2.2

Schubspannungen:

Stütze Nr.		x (m)	Vz,d (kN)	τD (N/mm2)	kmod	τd/fv,d
1	re	0.311	4.04	0.58	0.80	0.49
2	li	0.351	-5.95	0.85	0.80	0.72
	re	0.351	4.71	0.67	0.80	0.56
3	li	0.311	-2.43	0.35	0.80	0.32

EN 1995 6.1.7 : kcr = 0.71

Hauptträger Dach, statische Vergleichsrechnung

Maßstab 1 : 75

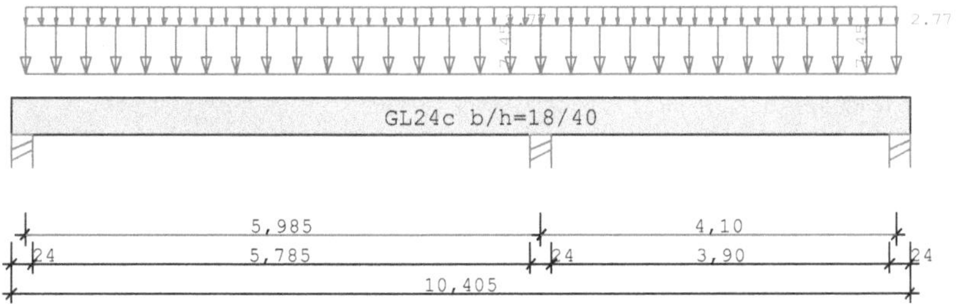

Holzträger über 2 Felder GL24c
E-Modul E_{mean} = 11000 N/mm2 DIN EN 1995-1-1/NA:2013-08

System	Länge		Querschnittswerte		
Feld	L (m)		b (cm)	h (cm)	Iy (cm4)
1	5.99	konstant	18.0	40.0	96000.0
2	4.10	konstant	18.0	40.0	96000.0

Belastung Lasttyp: 1=Gleichlast über L 2=Einzellast bei a
(kN,m) 3=Einzelmoment bei a 4=Trapezlast von a - a+b
5=Dreieckslast über L 6=Trapezlast über L

Feld	Typ	EG	Gr	g_l/r	q_l/r	Faktor	Abstand	Länge	ausPOS	Phi
1	1	B		7.45	2.77	1.00				
2	1	B		7.45	2.77	1.00				

Eigengewicht des Trägers ist mit Gamma = 5.0 kN/m3 berücksichtigt.

Einwirkungen:

Nr	Kl	Bezeichnung	ψ_0	ψ_1	ψ_2	γ	KLED
B	1	Büros	0.70	0.50	0.30	1.50	mittel

Schadensfolgeklasse CC 2 nach EN 1990 Tab. B1 -> K_{Fi} = 1.0 Tab. B3

Durchbiegungen		maximale			minimale		
Feld	Nr.	x (m)	f (cm)	Komb	x (m)	f (cm)	
1		2.69	0.95	2	0.00	0.00	3
2		2.46	0.09	3	1.23	-0.11	2

Bemessung: DIN EN 1995-1-1/NA:2013-08 GL24c
basierend auf EN 1995-1-1/A2:2014

Materialnorm: EN 14080:2013
Nutzungsklasse 1 kdef = 0.60 γ_M = 1.30 $\gamma_M(A)$ = 1.00

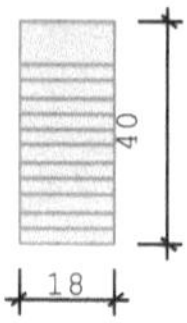

Emean = 1100 kN/cm2 Gmean = 65 kN/cm2
fm,k,My = 24.0 N/mm2 fm,k,Mz = 24.0 N/mm2
fv,k,Vz = 3.5 N/mm2 fv,k,Vy = 3.5 N/mm2

Spannungen mit FLBemHo901 gerechnet. (Version 9.0.4.2)
Normalspannungen b/h = 18/40

Der Druckgurt ist kontinuierlich gehalten.

Feld Nr.	x (m)	My,d (kNm)	σd,o (N/mm2)	σd,u	kcrit	kmod	σd/fm,d
1	0.00	0.00	0.00	0.00	1.00	0.00	0.00
	2.47	44.93	-9.36	9.36	1.00	0.80	0.61
	5.99	-51.61	10.75	-10.75	1.00	0.80	0.70
2	0.00	-51.61	10.75	-10.75	1.00	0.80	0.70
	2.60	16.48	-3.43	3.43	1.00	0.80	0.22
	4.10	0.00	0.00	0.00	1.00	0.60	0.00

Der Beiwert kh nach EN 1995 3.3 (3) ist berücksichtigt.

Schubspannungen b/h = 18/40

Stütze Nr.		x (m)	Vz,d (kN)	τD (N/mm2)	kmod	τd/fv,d
1	re	0.480	29.29	0.61	0.80	0.40
2	li	0.520	-44.97	0.94	0.80	0.61
	re	0.520	35.08	0.73	0.80	0.48
3	li	0.480	-14.95	0.31	0.80	0.20

EN 1995 6.1.7 : kcr = 0.71

Auflager fc,90,k = 2.50 N/mm2

Stütze Nr.	b (cm)	d (cm)	max F (kN)	kmod	kc90	σc,90,d (N/mm2)	fc,90,d	η
1	24.0	16.0	36.3	0.80	1.25	0.84	1.54	0.44
2	24.0	16.0	95.3	0.80	1.25	1.99	1.54	**1.03!!**
3	24.0	16.0	22.0	0.80	1.25	0.51	1.54	0.26

Nachweis Gebrauchstauglichkeit nach DIN EN 1995-1-1/NA:2013-08 (2.2.3 , 7.2)
zul w_{inst} < L/300 zul w_{fin} < L/200 zul w_{net} < L/300

Feld	x1 (mm)		wgB (mm)	wqB	w	zul w	η
1	2693	inst:	6.6	2.8	9.5	20.0	0.47
		fin:	10.6	3.3	14.0	29.9	0.47
		net:	10.6	1.4	12.0	20.0	0.60
2	1230	inst:	-0.5	-0.7	-1.2	13.7	0.09
		fin:	-0.8	-0.8	-1.6	20.5	0.08
		net:	-0.8	-0.3	-1.0	13.7	0.08

Nachweise im Brandfall nach DIN EN 1995-1-1/NA:2013-08
Die nachstehenden Brandparameter gelten für den gesamten Träger.

β_{li} (mm/min)	β_{re} (mm/min)	β_{un} (mm/min)	β_{ob} (mm/min)	t_F (min)
0.55	0.55	0.55	0.00	90.00

Spannungen mit FLBemHo901 gerechnet. (Version 9.0.4.2)
Normalspannungen:

Der Druckgurt ist kontinuierlich gehalten.
Nachstehende Querschnittsangaben für Querschnitt nach dem Abbrand.

Feld Nr.	x (m)	b (cm)	d (cm)	My,d (kNm)	σd,o (N/mm2)	σd,u (N/mm2)	kcrit	kmodϕM	σd/fm,d
1	0.00	0.0	0.0	0.00	0.00	0.00	1.00	0.00	0.00
	2.42	8.1	35.1	25.29	-15.25	15.25	1.00	0.86	0.65a
	5.99	8.1	35.1	-30.34	18.30	-18.30	1.00	0.86	0.78a
2	0.00	8.1	35.1	-30.34	18.30	-18.30	1.00	0.86	0.78a
	2.84	8.1	35.1	6.81	-4.11	4.11	1.00	0.86	0.17a
	4.10	8.1	35.1	0.00	0.00	0.00	1.00	0.86	0.00a

a : Methode mit reduzierten Eigenschaften nach EN 1995-1-2 4.2.3
b : Methode mit reduziertem Querschnitt nach EN 1995-1-2 4.2.2

Schubspannungen:

Stütze Nr.		x (m)	Vz,d (kN)	τD (N/mm2)	kmod	τd/fv,d
1	re	0.431	15.43	1.01	0.60	0.43
2	li	0.471	-24.28	1.58	0.60	0.66
	re	0.471	19.02	1.24	0.60	0.52
3	li	0.431	-5.96	0.39	0.60	0.22

EN 1995 6.1.7 : kcr = 0.71

Dachträger Heißbemessung

Bemessung nach DIN EN 1995-1-2, Abschnitt 4.2.3 (Methode mit reduziertem Querschnitt)

System

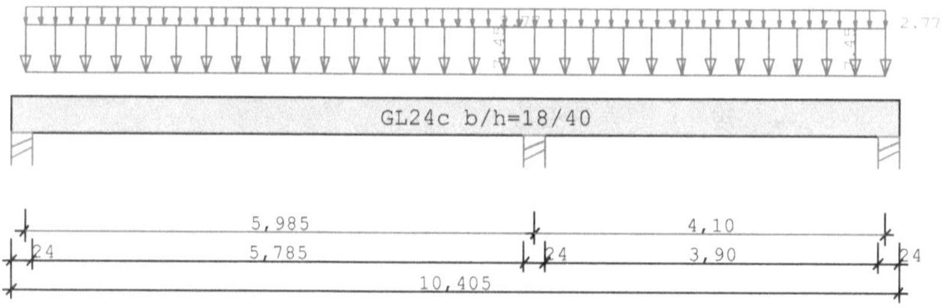

Abb. 37: Statisches System Hauptträger Dach, Aufstockung BFT Gebäude

Bodenträger GL24c, b/h = 18/40

Nutzungsklasse 1 (NKL), beheizt und überdacht; KLED = mittel

Brandbeanspruchung: 3-Seitig

Branddauer = t_f = 90 Minuten

Belastung

$\boldsymbol{q_{G,k} = 7{,}45 \frac{kN}{m}}$ (ständig)

$q_{Q,k} = 2{,}77 \frac{kN}{m}$ (veränderlich)

$E_{d,fi} = q_{G,k} + \Psi_2 \cdot q_{Q,k}$ (DIN EN 1990, Gl. (6.11b))

mit $\Psi_2 = 0{,}3$ (Büroräume) (DIN EN 1990/NA, Tab. NA. 1.1)

$\Rightarrow q_{d,fi} = 7{,}45 + 0{,}3 \cdot 2{,}77 = 8{,}28 \frac{kN}{m}$ (Bemessungslast im Brandfall)

Schnittgrößen

Maximales Feldmoment (Brandfall):

$M_{d,fi} = Tafelwert \cdot q_{d,fi} \cdot (l_2)^2$ [SBT-12] (4.17 Tab. 1.4.3)

$= 0{,}183 \cdot 8{,}28 \cdot 4{,}10^2 = 25{,}47\ kNm$

Abbrandrate:

$\beta_n = 0{,}55 \frac{mm}{min}$ (EC5-1-2, Tab. (3.1))

Abbrand nach 90 Minuten:

$d_{char,n} = \beta_n \cdot t_f = 0{,}55 \cdot 90 = 49{,}5\ mm$ (EC5-1-2, Gl. (3.2))

$b_{red} = b - 2 \cdot d_{char,n} = 18 - 2 \cdot 4{,}95 = 8{,}1\ cm$

$h_{red} = b - 1 \cdot d_{char,n} = 40 - 1 \cdot 4{,}95 = 35{,}1\ cm$

Resultierende Querschnittswerte:

$p = 2 \cdot (b_{red} + h_{red}) = 2 \cdot (8{,}1 + 35{,}1) = 86{,}3\ cm$ (Umfang Restquerschnitt)

$A_{red} = b_{red} \cdot h_{red} = 8{,}1 \cdot 35{,}1 = 284{,}3\ cm^2$ (reduzierte Querschnittsfläche)

$W_{y,red} = \frac{b_{red} \cdot h_{red}^2}{6} = \frac{8{,}1 \cdot 35{,}1^2}{6} = 1663\ cm^3$ (Widerstandsmoment reduziert)

$I_{y,red} = \frac{b_{red} \cdot h_{red}^3}{12} = \frac{8{,}1 \cdot 35{,}1^3}{12} = 29189\ cm^4$ (Flächenträgheitsmoment reduziert)

Maximale einwirkende Biegespannung für den Bemessungsfall:

$$\sigma_{m,y,fi} = \frac{M_{d,fi} \cdot 10^6}{W_{y,red} \cdot 10^3} = \frac{25{,}47 \cdot 10^6}{1249 \cdot 10^3} = 20{,}39 \frac{N}{mm^2}$$

Biegesteifigkeit für den Brandfall:

$f_{m,d,fi} = k_{mod,fi} \cdot \frac{f_{20}}{\gamma_{M,fi}} = 0{,}83 \cdot \frac{27{,}6}{1{,}0} = 22{,}9 \frac{N}{mm^2}$ (EC5-1-2, Gl. (2.1))

mit:

$k_{\mathrm{mod,m,fi}} = 1 - \frac{1}{200} \cdot \frac{p}{A_{red}} = 1 - \frac{1}{200} \cdot \frac{86{,}3 \cdot 10^{-2}}{248{,}3 \cdot 10^{-4}} = 0{,}79$ (EC5-1-2, Gl. (4.2))

$f_{20} = k_{fi} \cdot f_{m,k} = 1{,}15 \cdot 24 = 27{,}6$ (EC5-1-2, Gl. (2.1))

- $k_{fi} = 1{,}15$ (EC5-1-2, Tab. (2.1))
- $f_{m,k} = 24 \frac{N}{mm^2}$ (DIN EN 14080 (Tab. 4))

$\gamma_{m,fi} = 1{,}0$ (EC5-1-2, 2.3, Anm. 2)

Elastizitätsmodul im Brandfall:

$E_{d,fi} = k_{mod,E,fi} \cdot \frac{S_{20}}{\gamma_{m,fi}} = 0{,}89 \cdot \frac{10810}{1{,}0} = 9209 \frac{N}{mm^2}$ (EC5-1-2, Gl. (2.2))

mit:

$k_{\text{mod,E,fi}} = 1 - \frac{1}{330} \cdot \frac{p}{A_{red}} = 1 - \frac{1}{330} \cdot \frac{86{,}3 \cdot 10^{-4}}{284{,}3 \cdot 10^{-4}} = 0{,}89$ (EC5-1-2, Gl. (4.4))

$S_{20} = k_{fi} \cdot E_{05} = 1{,}15 \cdot 9400 = 10810 \frac{N}{mm^2}$ (EC5-1-2, Gl. (2.2))

- $k_{fi} = 1{,}15$ (EC5-1-2, Tab. (2.1))
- $E_{05} = 9400 \frac{N}{mm^2}$ (DIN EN 14080 (Tab. 4))

$\gamma_{m,fi} = 1{,}0$ (EC5-1-2, 2.3, Anm. 2)

Bemessung

Biegedrillknicken in Feldmitte: (EC5-1-1, Abs. 6.3.3)

Kippbeiwert: (EC5-1-1, Gl. (6.34))

$k_{crit,fi} = 1$ für $\lambda_{rel,m,fi} \leq 0{,}75$

$k_{crit,fi} = 1{,}56 - 0{,}75 \cdot \lambda_{rel,m,fi}$ für $0{,}75 < \lambda_{rel,m,fi} \leq 1{,}4$

$k_{crit,fi} = \frac{1}{(\lambda_{rel,m,fi})^2}$ für $1{,}4 < \lambda_{rel,m,fi}$

$\lambda_{rel,m,fi} = \sqrt{\frac{f_{m,d,fi}}{\sigma_{m,crit,fi}}} = \sqrt{\frac{22{,}9}{26{,}0}} = 0{,}94$ (EC5-1-1, Gl. (6.30))

mit:

$f_{m,d,fi} = 22{,}9 \frac{N}{mm^2}$ (EC5-1-2, Gl. (2.1))

$\sigma_{m,crit,fi} = \frac{0{,}78 \cdot b_{red}^2}{h_{red} \cdot l_{ef,fi}} \cdot E_{d,fi}$ (EC5-1-1, Gl. (6.32))

$= \frac{0{,}78 \cdot (8{,}1 \cdot 10)^2}{35{,}1 \cdot 10 \cdot 5{,}39 \cdot 10^3} \cdot 9209 = 26{,}0 \frac{N}{mm^2}$

- $l_{ef,fi} = 0{,}9 \cdot l = 0{,}9 \cdot 5{,}99 = 5{,}39\, m$ (EC5-1-1, Tab. (6.1))

$\Rightarrow k_{crit,fi} = 1{,}56 - 0{,}75 \cdot \lambda_{rel,m,fi} = 1{,}56 - 0{,}75 \cdot 0{,}94 = 0{,}62$

Nachweis:

$\frac{\sigma_{m,y,fi}}{k_{r_it,fi} \cdot f_{m,d,fi}} = \frac{15{,}32}{0{,}86 \cdot 22{,}9} = 0{,}78 \leq 1{,}0$ (EC5-1-1, Gl. (6.33))

Nachweis erbracht!

Eingangsdaten der Simulation mit FDS

```
&HEAD  CHID = 'BA_01', TITLE = 'Holz mit Abbrand', /

&MESH  IJK = 40, 50, 80, XB = 00.00, 0.40, 00.00, 00.50,  00.00, 00.80, /

&MESH  IJK = 40, 50, 80, XB = 00.40, 0.80, 00.00, 00.50,  00.00, 00.80, /

&MESH  IJK = 40, 50, 80, XB = 00.00, 0.40, 00.50, 01.00,  00.00, 00.80, /

&MESH  IJK = 40, 50, 80, XB = 00.40, 0.80, 00.50, 01.00,  00.00, 00.80, /

&TIME T_END=5400.0, /

&MISC TMPA=20.0, BNDF_DEFAULT=.FALSE., /

&DUMP DT_DEVC=2, DT_SLCF=2, DT_BNDF=2, DT_PROF=2, DT_RESTART=60.0, DT_HRR=2,/

&VENT MB='YMAX', SURF_ID='OPEN' /

&REAC ID                                    ='C24NH',

   FYI                               ='Recherche ',

       FUEL                                 ='WOOD',

   C                                        =12,

   H                                        =20,

   O                                        =10,

   N                                        =0.0,

   HEAT_OF_COMBUSTION  =12308.4,

   SOOT_YIELD                        =0.0, / Definition der Verbrennungsreaktion

/-----------------------------------------------------------------------------------------

/Material

/-----------------------------------------------------------------------------------------

&MATL ID='HOLZ',

CONDUCTIVITY=0.11,

DENSITY =415.00,

SPECIFIC_HEAT =2.72,
```

```
HEAT_OF_COMBUSTION=12308.4, /
&MATL      ID                 ='Porenbeton',
      CONDUCTIVITY       =0.21,
      DENSITY                 =700.00,
      SPECIFIC_HEAT       =0.940 /
/------------------------------------------------------------------------------------------
/Oberflaechen
/------------------------------------------------------------------------------------------
&SURF ID='HOLZWAND',
MATL_ID='HOLZ',
Thickness= 0.005,
BURN_AWAY=.TRUE.,
IGNITION_TEMPERATURE=280.0,
HRRPUA=50.0
EMISSIVITY=0.82,
RAMP_Q = 'fire',
COLOR='BROWN',
BACKING='EXPOSED', /
&SURFID            ='PB',
MATL_ID            ='Porenbeton'
COLOR        ="IVORY",
TRANSPARENCY       =0.50
THICKNESS     =0.25,
DEFAULT=.TRUE./
&SURF ID='HEATER',
COLOR='RED',
```

```
VOLUME_FLOW=-0.3,

TMP_FRONT=1006.0,

RAMP_T='ETK' /

/------------------------------------------------------------------------------------------

/Abbrandkurve Holz

/------------------------------------------------------------------------------------------

&RAMP ID='fire', T=0.0 F=0.0,/

&RAMP ID='fire', T=10.0 F=1.0,/

&VENT XB= 00.00, 00.80, 0.0, 0.0, 0.0, 0.8, SURF_ID='HEATER' /

&RAMP ID='ETK' T=0.0, F=0.0,/

&RAMP ID='ETK' T=41.1, F=0.28,/

&RAMP ID='ETK' T=300.0, F=0.57,/

&RAMP ID='ETK' T=600.0, F=0.67,/

&RAMP ID='ETK' T=900.0, F=0.73,/

&RAMP ID='ETK' T=1100.0, F=0.78,/

&RAMP ID='ETK' T=1200.0, F=0.84,/

&RAMP ID='ETK' T=2700.0, F=0.90,/

&RAMP ID='ETK' T=3600.0, F=0.94,/

&RAMP ID='ETK' T=5400.0, F=1.0,/

/------------------------------------------------------------------------------------------

/Holzwand

/------------------------------------------------------------------------------------------

&OBST XB= 00.00, 00.80, 00.80, 01.00, 0.0, 0.8 SURF_ID='HOLZWAND',BNDF_OBST=.TRUE.,/

/------------------------------------------------------------------------------------------

/Be- und Entlueftung

/------------------------------------------------------------------------------------------
```

```
&VENT XB= 00.00, 00.00, 0.3, 0.6, 0.1, 0.2 , SURF_ID='OPEN' /

&VENT XB= 00.80, 00.80, 0.3, 0.6, 0.1, 0.2 , SURF_ID='OPEN' /


&VENT XB= 00.00, 00.00, 0.3, 0.6, 0.6, 0.7 , SURF_ID='OPEN' /

&VENT XB= 00.80, 00.80, 0.3, 0.6, 0.6, 0.7 , SURF_ID='OPEN' /

/-----------------------------------------------------------------------------------------------

/-----------------------------------------------------------------------------------------------

&BNDF QUANTITY='WALL TEMPERATURE', /

&BNDF QUANTITY='BACK WALL TEMPERATURE', /

&SLCF PBY=0.3, QUANTITY='TEMPERATURE', VECTOR=.TRUE., /

&SLCF PBX=0.3, QUANTITY='TEMPERATURE', VECTOR=.TRUE., /

&SLCF PBY=0.6, QUANTITY='TEMPERATURE', VECTOR=.TRUE., /

&SLCF PBX=0.6, QUANTITY='TEMPERATURE', VECTOR=.TRUE., /


&DEVC ID='3_3_3' XYZ=0.6, 0.6, 0.6, QUANTITY='TEMPERATURE', /

&DEVC ID='3_2_3' XYZ=0.6, 0.4, 0.6, QUANTITY='TEMPERATURE', /

&DEVC ID='3_1_3' XYZ=0.6, 0.2, 0.6, QUANTITY='TEMPERATURE', /


&DEVC ID='2_3_3' XYZ=0.4, 0.6, 0.6, QUANTITY='TEMPERATURE', /

&DEVC ID='2_2_3' XYZ=0.4, 0.4, 0.6, QUANTITY='TEMPERATURE', /

&DEVC ID='2_1_3' XYZ=0.4, 0.2, 0.6, QUANTITY='TEMPERATURE', /


&DEVC ID='1_3_3' XYZ=0.2, 0.6, 0.6, QUANTITY='TEMPERATURE', /

&DEVC ID='1_2_3' XYZ=0.2, 0.4, 0.6, QUANTITY='TEMPERATURE', /

&DEVC ID='1_1_3' XYZ=0.2, 0.2, 0.6, QUANTITY='TEMPERATURE', /
```

```
&DEVC ID='3_3_2' XYZ=0.6, 0.6, 0.4, QUANTITY='TEMPERATURE', /

&DEVC ID='3_2_2' XYZ=0.6, 0.4, 0.4, QUANTITY='TEMPERATURE', /

&DEVC ID='3_1_2' XYZ=0.6, 0.2, 0.4, QUANTITY='TEMPERATURE', /


&DEVC ID='2_3_2' XYZ=0.4, 0.6, 0.4, QUANTITY='TEMPERATURE', /

&DEVC ID='2_2_2' XYZ=0.4, 0.4, 0.4, QUANTITY='TEMPERATURE', /

&DEVC ID='2_1_2' XYZ=0.4, 0.2, 0.4, QUANTITY='TEMPERATURE', /


&DEVC ID='1_3_2' XYZ=0.2, 0.6, 0.4, QUANTITY='TEMPERATURE', /

&DEVC ID='1_2_2' XYZ=0.2, 0.4, 0.4, QUANTITY='TEMPERATURE', /

&DEVC ID='1_1_2' XYZ=0.2, 0.2, 0.4, QUANTITY='TEMPERATURE', /


&DEVC ID='3_3_2' XYZ=0.6, 0.6, 0.2, QUANTITY='TEMPERATURE', /

&DEVC ID='3_2_2' XYZ=0.6, 0.4, 0.2, QUANTITY='TEMPERATURE', /

&DEVC ID='3_1_2' XYZ=0.6, 0.2, 0.2, QUANTITY='TEMPERATURE', /


&DEVC ID='2_3_2' XYZ=0.4, 0.6, 0.2, QUANTITY='TEMPERATURE', /

&DEVC ID='2_2_2' XYZ=0.4, 0.4, 0.2, QUANTITY='TEMPERATURE', /

&DEVC ID='2_1_2' XYZ=0.4, 0.2, 0.2, QUANTITY='TEMPERATURE', /


&DEVC ID='1_3_2' XYZ=0.2, 0.6, 0.2, QUANTITY='TEMPERATURE', /

&DEVC ID='1_2_2' XYZ=0.2, 0.4, 0.2, QUANTITY='TEMPERATURE', /

&DEVC ID='1_1_2' XYZ=0.2, 0.2, 0.2, QUANTITY='TEMPERATURE', /

DEVC ID='TIMER', XYZ= 00.10, 00.10, 00.10, QUANTITY='TIME', INITIAL_STATE=.TRUE. SET-
POINT=180.0,/

&TAIL/
```

Produktdatenblatt Brandschutzstein CFS-BL P und Brandschutzfüllmasse CFS-FIL

Brandschutzstein CFS-BL P (Längseinbau 90 Minuten Feuerwiderstandsdauer + Quereinbau 30 Minuten Feuerwiderstandsdauer)

Anwendungen

- Abschottung von Kabeln, Kabelbündel max. Ø 100 mm und Kabeltrassen aller Art und Durchmesser
- Abschottung von Hohlleiterkabeln (Koaxialkabel) bis Ø 59,9 mm
- Abschottung von Elektroleerrohren bis Ø 50 mm, gebündelt bis Ø 100 mm (Bündeldurchmesser)
- Abschottung von nichtbrennbaren Rohren aus Stahl, Edelstahl, Guss bis Ø 168,3 mm, Kupferrohre bis Ø 88,9 mm und Kupferrohre Ø 54 mm mit Synthese-Kautschuk Isolierung
- Abschottung von brennbaren Rohren bis Ø 160 mm ab Ø 75 mm mit Brandschutzbandage CFS-B
- Gemeinsame Durchführung von Kabeln, Rohren aus Stahl, Kupfer, Guss und Kunststoff in einem Schott
- Optimal geeignet für stark faser- und staubempfindliche Räume und Örtlichkeiten mit häufig wechselnder Elektroinstallation wie in Rechenzentren, EDV-Räumen, Krankenhäusern, Laboratorien
- Beispiele: Bürogebäude, Krankenhäuser, Einkaufszentren sowie Industriebauten, Brandwandsysteme im Trockenbau

Vorteile

- Kunststoffetikett kann auf dem Stein verbleiben (leichterer Einbau)
- Besonders geeignet zur Nachbelegung von Kabeln
- Kombinierbar mit Brandschutzschaum CP 660 (Kombischott)
- Wirtschaftlich durch kurze Einbauzeit
- Durchführung von Elektroleerrohren mit und ohne Belegung
- Einfache Verarbeitung, keine Spezialwerkzeug erforderlich
- Absolut staub- und faserfrei

Z-19.15-2083 S90 Z-19.15-2088 S30

Technische Daten

Kabel	Ja
Kabelbündel bis max. Ø	100 mm
Kabeltrassen	Ja
Leerrohre aus Kunststoff	Ja
Leerrohre aus Stahl	Ja
Hohlleiterkabel	Ja
Leerrohrbündel bis max. Ø	100 mm
Hydraulikschläuche	Ja
Temporäres Verschließen	Ja
Kombiabschottung	Ja
Brennbare Rohre Ø	160 mm, bis Ø 75 mm ohne CFS-B
Nicht brennbare Rohre Ø	168,3 mm
Kunststoffverbundrohre	Ja
Nichtbrennbare Rohre mit brennbarer Isolation Ø	88,9 mm (Armaflex s = 9 - 31 mm)
Feuerwiderstand in Beton	90 Min. bei Längseinbau 30 Min. bei Quereinbau
Feuerwiderstand in Mauerwerk	90 Min. bei Längseinbau 30 Min. bei Quereinbau
Feuerwiderstand in leichte Trennwand	90 Min. bei Längseinbau 30 Min. bei Quereinbau
Mindestmaß Wandstärke	100 mm (S90 längs) / 75 mm (S30)
Mindestmaß Deckenstärke	150 mm
Mindestmaß Schottstärke	200 mm (S90 längs) / 130 mm (S30 / S90 quer)
Maximale Wandöffnung (B x L)	1000 x 1000 mm
Maximale Deckenöffnung	700 mm x ∞
2. Komponente	CFS-FIL
Prüfung/Zulassung	Z-19.15-2083, Z-19.15-2088

Bestellbezeichnung	Paketinhalt	LxBxH	Warengruppe	Verpackt zu	Artikelnummer
CFS-BL P	beinhaltet 1x Brandschutzsteine 200 x 130 x 50 mm	200 x 130 x 50 mm	6402	1 Stk	2058959
CFS-BL P (20) Set	beinhaltet 20 Brandschutzsteine, im Karton	200 x 130 x 50 mm	6402	1 Stk	2073754
CFS-BL P (360) Set	beinhaltet 360 Brandschutzsteine, auf Palette	200 x 130 x 50 mm	6402	1 Stk	2073755

Brandschutzfüllmasse CFS-FIL

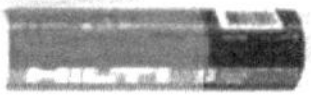

Bestellbezeichnung	Paketinhalt	Warengruppe	Verpackt zu	Artikelnummer
CFS-FIL	310 ml	6402	1 Stk	2052899

Produktbeschreibung:

Gebrauchsfertige Formsteine, basierend auf einem 2-komponentigen Polyurethanschaum mit intumeszierender (im Brandfall aufschäumender) Wirkung.

Erläuterung des Zulassungsbescheides:

Bei der Ausführung mit Hilti Brandschutzsteinen CFS-BL P ist grundsätzlich der

Zulassungsbescheid Z-19.15-2083 (S90 Längseinbau)
Zulassungsbescheid Z-19.15-2088 (S30 Quereinbau)
des Deutschen Institutes für Bautechnik (DIBt) maßgeblich:

- Kombiabschottung S90
- Kombiabschottung S30
- Für den Einbau von Hilti Brandschutzsteinen CFS-BL P in der leichten Trennwand sind Rahmen aus GKF-Gipsfaser- oder Kalziumsilikatstreifen in der Rohbauöffnung zu installieren. Die Montageanleitung ist zu beachten.

Produktdaten:

Brandschutzstein CFS-BL P

Abmessungen (L/B/H):	200/130/50 mm
Verarbeitungstemperatur:	> 5° C
Temperaturbeständigkeit:	-15° C bis +60° C
Expansionstemperatur:	170–200° C
Expansionsrate (bei 600° C):	1:3
Baustoffklasse nach DIN 4102, T.1:	B2

Brandschutzfüllmasse CFS-FIL

(bei 23° C und 50 % rel. Luftfeuchtigkeit)

Inhalt der Kartusche:	310 ml
Verarbeitungstemperatur:	+5° C bis +40° C
Temperaturbeständigkeit:	-15° C bis +60°C
Hautbildungszeit:	15 bis 30 Minuten
Aushärtezeit:	1 mm/Tag
Baustoffklasse nach DIN 4102 T.1:	B2
Lagerzeit (bei 20° C und trocken):	9 Monate

Brandschutzstein CFS-BL P und Brandschutzfüllmasse CFS-FIL werden von einem unabhängigen Prüfinstitut fremdüberwacht.

Grundsätzliche Installationshinweise:

Folgende Maße müssen beim Einbau von Hilti Brandschutzsteinen CFS-BL P eingehalten werden:

		Massivbau + Leichte Trennwand [mm]	
		S90	S30
①	Mindestdicke des Bauteils - Wand:	100	75
②	- Decke:	150	
	Mindestdicke* Kombiabschottung:	200	130
	Mindestabstand zum nächsten Schott:	100	

* Bei geringeren Wand- und Deckenstärken kann eine Aufleistung oder ein Rahmen aus nichtbrennbaren Bauplatten verwendet werden.

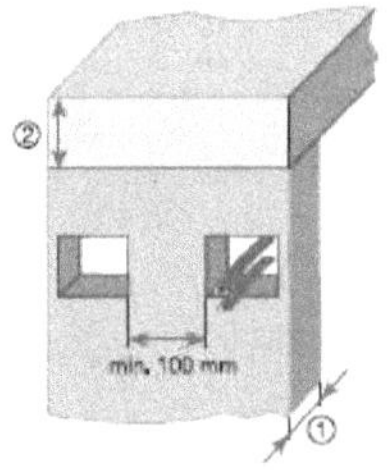

Kombination mit Brandschutzschaum CP 660 und CP 620

- Bei Kabeldurchführungen in mittleren bis größeren Öffnungen ist häufig die Kombination von Brandschutzschaum CP 660 und CP 620 und Brandschutzsteinen CFS-BL P sinnvoll. Sie erreichen so eine schnelle Installation und optimale Nachbelegbarkeit.

	Massivbau + Leichte Trennwand [mm]
CP 660 / CP 620 im Bereich der Kabeldurchführungen Max. Größe der Felder:	400 x 400
Abstand der Felder zueinander:	100
CP 660 / CP 620 im Bereich der Schottabschlüsse (Stein zu Laibung) Max. Fugenbreite:	15 - 60

Sicherheitsratschläge:

- Von Kindern fernhalten.
- EG-Sicherheitsdatenblatt anfordern und beachten.

Lagerung:

- Nur in der Originalverpackung an einem vor Nässe geschützten Ort lagern.

Verbrauchsübersicht:

Annahme: CFS-BL P ohne Kabelbelegung, dann wird CFS-FIL bei unregelmäßiger Bauteillaibung eingesetzt.

Öffnung	Kabelbelegung							
	0%		10%		30%		60%	
[m²]	CFS-BL P [Stück]	CFS-FIL [Stück]	CFS-BL P [Stück]	CFS-FIL [Stück]	CFS-BL P [Stück]	CFS-FIL [Stück]	CFS-BL P [Stück]	CFS-FIL [Stück]
0,005	1	0,25	1	0,25	1	0,4	1	0,5
0,01	2	0,5	2	0,5	1	0,8	1	1,0
0,02	3	1	3	1	3	1,2	2	1,4
0,03	5	1,5	4	1,5	4	1,8	2	2,0
0,04	6	2	6	2	5	2,2	3	2,5
0,05	8	2	7	2	6	2,4	4	2,8
0,1	15	3	14	3	11	3,5	7	3,6
0,2	31	3	28	3	22	3,7	13	3,9
0,3	47	4	42	4	33	4,2	19	4,4
0,4	62	4	56	4	43	4,6	25	4,8

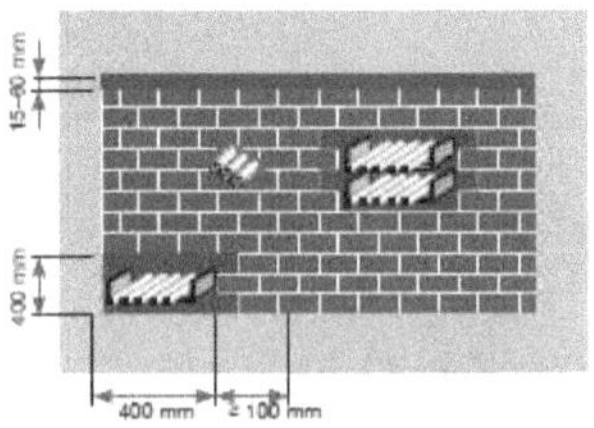

Installationshinweise

Abstände: Feuerwiederstandsklasse Feuerhemmend S30 / Feuerbeständig S90

		brennbare Rohre		nichtbrennbare Rohre			Elektro-Installationsrohre		Aluminium-Verbundrohr	Kabel/ Kabeltrage-konstuktionen	Koaxial-kabel	Laibung oben***	Laibung unten/ seitlich
		ohne Maßnahme	mit CFS-B	mit Strecken-isolierung aus Mineralwolle	mit Kautschuk-isolierung	ohne Isolierung	Einzeln	Bündel					
brennbare Rohre	ohne Maßnahme	50	50	50	50	50	50	50	50	50	50	50	50
	mit CP 648	50	50	50	50	50	50	50	50	50	50	0	0
nicht-brennbare Rohre	mit Strecken-isolierung aus Mineralwolle	50	50	0	0	0	50	50	50	50	50	0	0
	mit Kautschuk-isolierung	50	50	0	50	50	50	50	50	50	50	0	0
	ohne Isolierung	50	50	50	50	50	50	50	50	50	50	50	50
Elektro-Installations-rohre	Einzeln	50	50	50	50	50	0	50	50	50	50	50	50
	Bündel	50	50	50	50	50	50	50	50	50	50	50	50
Aluminium-Verbundrohr		50	50	50	50	50	50	50	50	50	50	50	50
Kabel/Kabeltrage-konstuktionen		50	50	50	50	50	50	50	50	0**	50	0****	0****
Koaxialkabel		50	50	50	50	50	50	50	50	50	50	0	50

* Bis zu einer Gesamtbreite von 100 mm

** Kabeltragekonstrukton Ausrichtung 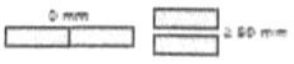

*** Bei Wandeinbau

**** Bei Einbau in nicht tragende raumabschließende Wände nach Abschnitt 3.1.4: 50 mm

Installationshinweise Kabelabschottung:

Kabelabschottung inkl. Leerrohre S90/S30

- Durch die Kabelabschottung dürfen Elektrokabel und -leitungen aller Arten (auch Lichtwellenleiter) hindurchgeführt werden. Die Größe des Außendurchmessers des einzelnen Kabels ist nicht begrenzt.
- Kabel und Kabeltragekonstruktionen müssen nach den allgemeinen Normen der Elektrotechnik und insbesondere DIN VDE 0100 Teil 520 A1 verlegt und befestigt werden.
- Durch das Schott dürfen fest verschnürte Kabelbündel Ø ≤ 100 mm (Einzelkabel-Ø ≤ 21 mm) hindurchgeführt werden.
- Durch das Schott dürfen Hohlleiterkabel (Koaxialkabel) bis Ø ≤ 59,9 mm geführt werden. Diese sind beidseitig der Schottung 150 mm mit CP 673 zu beschichten.
- Leerrohre, d. h. alle Kunststoff- und Stahlrohre nach DIN EN 61386-21, DIN EN 61386-22 bis DN 50 mit und ohne Belegung, dürfen durch die Abschottung hindurchgeführt werden.
  Diese sind grundsätzlich an den Enden rauchgasdicht mit CFS-FIL, CFS-S ACR oder CFS-S SIL 2 cm tief zu verschließen.
- Leerrohrbündel Ø ≤ 100 mm (Einzelrohr-Ø ≤ 50 mm)
  Bei der Durchführung von Leerrohrbündeln, müssen diese im Bereich der Formteile mit CFS-FIL bestrichen werden.
  Die Leerrohre dürfen auch durchgehend über mehrere Etagen verlegt sein.

Installationshinweise Kombiabschottung S90/S30:

Hinweis: Eine Schulung durch unseren Hilti Mitarbeiter berechtigt Sie zum Einbau eines Kombischotts und sichert Ihnen die sachgerechte Verarbeitung der Hilti Brandschutzsteine CFS-BL P. Ihr Unternehmen wird dann ein von Hilti zertifizierter und beim DIBt (Deutsches Institut für Bautechnik, Berlin) offiziell eingetragener Betrieb, der Kombischottanwendungen durchführen darf. Wenden Sie sich an Ihren Hilti Verkaufsberater.

Durch die Kabelabschottung S90/S30 dürfen gleichzeitig folgende Belegungskomponenten hindurchgeführt werden:

• Kabel, Kabelbündel, Kabeltrassen Kabelarten, -durchmesser:	siehe „Abstandstabelle S90/S30"
• Nichtbrennbare Rohre Rohrtypen, -durchmesser und Wandstärken:	siehe „Abstandstabelle S90/S30"
• Brennbare Rohre Rohrtypen, -durchmesser und Wandstärken:	siehe „Abstandstabelle S90/S30"

Kostenrecherche Stahl- und Holzkosten

IPE-Stahlträger

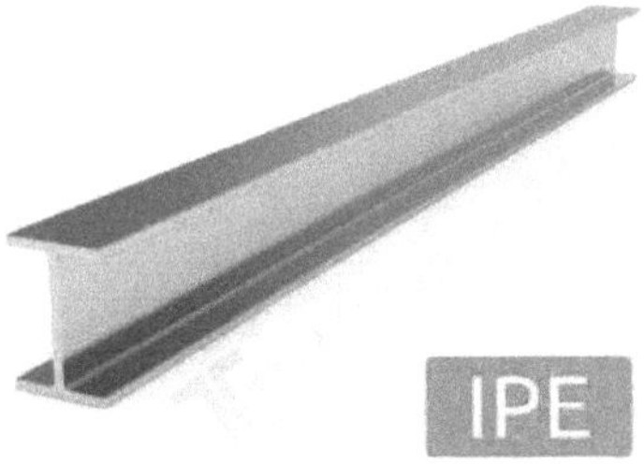

Konfiguration Zusätzliche Informationen Maße (PDF)

Konfiguration

1. Wählen Sie Oberfläche und Profil-Breite aus.
2. Geben Sie die benötigte Länge ein (max. 14000 mm).
3. Optional können Sie Kopfteile/Fußplatten bestellen.
4. Geben Sie die benötigte Anzahl an Trägern ein.
5. Klicken Sie auf „In den Warenkorb".

Keine Versandkosten: Abholung vor Ort.
Lieferung nur auf **Anfrage**.

Länge (mm)	IPE Breite (mm)	Oberfläche
10400	300 mm	walzroh (2,30 €/kg)
Platten (optional)	**Schweißpauschale (€)**	**Stahlpreis (€)**
Keine Platten	0.00	1035.74
Anzahl Träger	**Einfaches Gewicht (kg)**	**Gewicht total (kg)**
39	450.32	17562.48

Fehler: Das maximale Gesamtgewicht beträgt 3500 kg. Mehr auf Anfrage.
Bitte schreiben Sie uns individuell über das Kontaktformular.

Preis (inkl. 19% MwSt.)

40.393,86 €

http://www.stahltraeger24.de/

Aufgerufen am 28.08.2018

HEA-Stahlträger

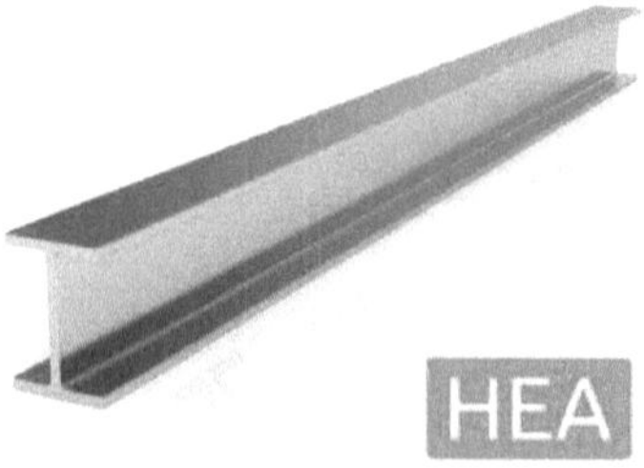

Konfiguration   Zusätzliche Informationen   Maße (PDF)

Konfiguration

1. Geben Sie die benötigte Länge ein (max. 14000 mm).
2. Wählen Sie Oberfläche und Profil-Breite aus.
3. Optional können Sie Kopfteile/Fußplatten bestellen.
4. Geben Sie die benötigte Anzahl an Trägern ein.
5. Klicken Sie auf „In den Warenkorb".

Keine Versandkosten: Abholung vor Ort.
Lieferung nur auf **Anfrage**.

Länge (mm)	HEA	Oberfläche
10400	240 mm	walzroh (2,30 €/kg)
Platten (optional)	**Schweißpauschale (€)**	**Stahlpreis (€)**
Keine Platten	0.00	1483.04
Anzahl Träger	**Einfaches Gewicht (kg)**	**Gewicht total (kg)**
39	644.80	25147.20

Fehler: Das maximale Gesamtgewicht beträgt 3500 kg. Mehr auf Anfrage.
Bitte schreiben Sie uns individuell über das Kontaktformular.

Preis (inkl. 19% MwSt.)

57.838,56 €

http://www.stahltraeger24.de/

Aufgerufen am 28.08.2018

Produktbild	Artikelnummer	Artikel	Menge	Einzelpreis	Gesamtpreis
	1381804001Z	**Brettschichtholz BSH 180 x 400 mm** Breite (in mm) 180 Höhe (in mm) 400 Holzart Fichte	39 Stück *Länge in mm: 10400*	673,92 € pro Stück 64,80 € / Lfm	**26.282,89 €**
	1381602801Z	**Brettschichtholz BSH 160 x 280 mm** Breite (in mm) 160 Höhe (in mm) 280 Holzart Fichte	39 Stück *Länge in mm: 10400*	419,33 € pro Stück 40,32 € / Lfm	**16.353,82 €**
				Gesamt:	42.636,70 €

https://www.scs-holzshop.de/shop.php?SessID=797a4f5f8a100056011d483cad876609

Aufgerufen am 28.08.2018

Literaturverzeichnis

[Lin-97] Linsmeier, Klaus-Dieter: Spektrum der Wissenschaft 4 / 1997, Seite 97, Spektrum der Wissenschaft Verlagsgesellschaft mbH

[Wes-88] Wesche, K.: Baustoffe für tragende Bauteile, Teil 4 Holz und Kunststoffe. 2. Auflage, Bauverlag Wiesbaden und Berlin, 1988

[Mis-17] Miscke, Roland: Holz wird zum angesagten Hightech-Baumaterial, https://www.welt.de/finanzen/immobilien/article161617560/Holz-wird-zum-angesagten-Hightech-Baumaterial.html, veröffentlicht am 29.01.2017, aufgerufen am 21.08.2018.

[SÜD-10] Süddeutsche Zeitung: Eine Frage der Statik, aufstocken statt anbauen, https://www.sueddeutsche.de/geld/aufstocken-statt-anbauen-eine-frage-der-statik-1.561845, veröffentlicht am 11.05. 2010, aufgerufen am 21.08.201811. Mai 2010, 01:36 Uhr.

[SBT-12] Goris, Alfons: Bautabellen für Ingenieure mit Berechnungshinweisen und Beispielen, 20. Auflage, 2012.

[KAM-12] Kampmeier Björn: Aktuelle Lösungen für den Brandschutz im mehrgeschossigen Holzbau, 5. Europäischer Kongress für effizientes Bauen mit Holz 2012

[Neu-94] Neuhaus, Helmuth: Lehrbuch des Ingenieurholzbaus, Springer Fachmedien, 1994

[Win-18] Winter, Stefan: https://informationsdienst-holz.de/urbaner-holzbau/kapitel-4-der-zeitgenoessische-holzbau/brandschutz-im-holzbau/, veröffentlicht unbekannt, aufgerufen am 09.10.2018, 17:00 Uhr

7 Normen und Richtlinien

DIN EN 14080	Sep. 13	Holzbauwerke – Brettschichtholz und Balkenschichtholz
DIN 1025-5	Mrz. 94	Warmgewalzte I -Träger Mittelbreite I-Träger, IPE-Reihe Mittelbreite I-Träger, IPE-Reihe
DIN 1025-3	Mrz. 94	Warmgewalzte I -Träger Breite I-Träger, leichte Ausführung, IPBl-Reihe
DIN 4102-1	Mai. 98	Brandverhalten von Baustoffen und Bauteilen,Teil 1: Baustoffe, Begriffe, Anforderungen und Prüfungen
DIN 4102-2	Sep. 77	Brandverhalten von Baustoffen und Bauteilen, Bauteile, Begriffe, Anforderungen und Prüfungen
DIN EN 1363-1	Okt. 12	Feuerwiderstandsprüfungen –Teil 1: Allgemeine Anforderungen; Deutsche Fassung EN 1363-1:2012
M-HFHHolzR	Jul. 04	Muster-Richtlinie über brandschutztechnische Anforderungen an hochfeuerhemmende Bauteile in Holzbauweise
DIN EN 1995-1-1/A2	Jun. 14	Eurocode 5: Bemessung und Konstruktion von Holzbauten–Teil 1-1: Allgemeines – Allgemeine Regeln und Regeln für den Hochbau
DIN EN 1995-1-1/NA	Jul. 14	Eurocode 5: Bemessung und Konstruktion von Holzbauten –Teil 1-1: Allgemeines –Allgemeine Regeln und Regeln für den Hochbau
DIN EN 1995-1-2	Dez. 10	Eurocode 5: Bemessung und Konstruktion von Holzbauten – Teil 1-2: Allgemeine Regeln – Tragwerksbemessung für den Brandfall
DIN EN 13501-1	Jan **10**	Klassifizierung mit den Ergebnissen aus den Prüfungen zum Brandverhalten von Bauprodukten
DIN EN 13501-2	Dez. 16	Klassifizierung mit den Ergebnissen aus den Feuerwiderstandsprüfungen

Abbildungsverzeichnis

Tabellenverzeichnis

FSC
www.fsc.org
MIX
Papier | Fördert gute Waldnutzung
FSC® C083411

Kolibri 360 GmbH
Ferdinand-Jühlke-Straße 7
99095 Erfurt, Deutschland
produktsicherheit@kolibri360.de

Druck:
CPI Druckdienstleistungen GmbH
im Auftrag der
Kolibri 360 GmbH
Ferdinand-Jühlke-Str. 7
99095 Erfurt